紅 VAN

大改造

從傳統到革新！

李凱翔　編著

萬里機構

碩士畢業揸小巴？

自序

碩士畢業生揸小巴？

※ 這是一般人聽到我故事的第一個反應，相信很少大
學生在畢業後會選擇駕駛小巴，更不用説是碩士畢
業生。現在有些行家依舊以「碩士生／ 大學生」來
稱呼我。

你屋企人揸開小巴？你係小巴迷？點解會選揸紅 VAN？

※ 並不是，其實一切都只是源於一個創業夢。相信很
多 80 後和我一樣想過創業，但礙於資金、時間、風
險等原因，最後都「未實行」。我想趁「三十而立」，
未有太大家庭負擔時出來闖一闖。我碩士主修「交
通政策與規劃」，最後在我的專業領域上，想到以
革新的方法經營紅 VAN。一開始自己駕駛紅 VAN 是
基於風險管理，因為即使虧損，最多亦只是損失車
租、燃料費及自己的薪水。後來就一步步從司機退
居到做幕後的管理工作。

革新紅 VAN ？但依家紅 VAN 仲係經營得好傳統？

※ 由於很多司機都是個體戶，沒有一間公司統籌並投資研發，所以行業科技發展遲緩。要去改變一個行之有效的營運方法又談何容易？我期盼自己能以「爛頭卒」的角色，為業界示範新的營運模式，並利用科技改善紅 VAN 的服務，讓港人對紅 VAN 改觀，讓更多人願意乘坐。

令香港人對「亡命小巴」改觀，得唔得啊？唔亡命嘅小巴仲係紅 VAN ？唔亡命唔飛馳我點解要搭紅 VAN ？

※「亡命」是一個感覺，其實並不是跟速度掛勾的。當你坐的私家車車速達每小時 80 公里時，並不會有「亡命」的感覺，而同樣速度下坐紅 VAN 卻有「亡命」感，到底問題出在哪裏呢？

※ 坐得紅 VAN 個個都想快，要迅速到達目的地，一般人以為只要踩油門加速便可，但其實更加重要是懂得「走線」，並且適時「插隊」，我曾跟旗下的司機說：「跟隊排嘅架叫巴士，跟隊排的紅 VAN 才是異類呢」。

走向夕陽嘅紅 VAN 業仲可以活化？你有咩方法？你公司名「AN BUS」又係點解？

※「AN Bus」，其實是源自德文「Auf Nachfrage Bus」，譯成英文是 On Demand Bus，即「按需求提供服務的巴士」。這種營運模式，理論上如同目前用手機 APP 預約的應召客車，有乘客提出需要，車輛就前來提供服務。

※「**安全永遠第一**」、「**快捷而不亡命**」、「**創新但不急進**」是我公司的三大哲學。

※ 運用 WhatsApp 和手機應該程式（Mobile App）供乘客查詢及留位、提供「定點定班」的服務、建立 Facebook 專頁、接受 PayMe 付款、發展「**包車服務**」和「**共乘包車**」、善用車頭的電子路線顯示牌等等都是現時活化紅 VAN 的嘗試。

行家對你嘅嘗試有咩反應？

※ 我加入紅 VAN 行業的目的，並不是想搶行家飯碗，
　　而是想「做大個餅」。

※ 我的嘗試在一些行家眼裏，無疑是在「橫衝直撞」。
　　然而我能經營至今，反映他們其實默許了我的嘗試，
　　觀望我的成果。只要在不影響大家的現有利益下，
　　他們不但願意給我嘗試的機會，甚至會願意伸出援
　　手。如果大家能同心協力，要讓紅 VAN 業從「夕陽」
　　繞一圈而重回「旭日」，其實並不是不可能的事情！

李凱翔

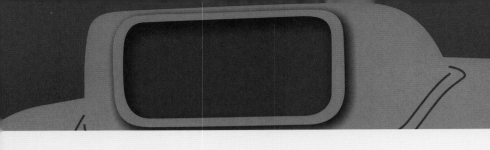

Chapter 7　創新

第一部

創業路

Chapter 1

創業夢

毎位
9
蚊

直通車

1.1

從小的創業夢

「人人都話想創業，唔通個個都創到業咩？」
從讀書年代開始，我就想過創業。事實上，剛畢業走進社會，人脈、經驗和資金都不足，尤其打工時，有一份穩定的收入，所以這個創業夢曾離我越來越遠。至三十出頭時，覺得自己有條件出來創業，但又苦無合適的創業意念……

香港人工貴、租金高，創業分分鐘要幾百萬，無父幹的年輕人很多時只能望門輕嘆。但創業真的一定要幾百萬？如果開實體店，舖租、裝修、人工的確要很多資金。但近年網上商店興起，省卻舖租後，其實令創業門檻降低了很多。不少人甚至在正職以外先嘗試網上創業，待自己公司上軌道後才辭工。（尤其疫情下更多人轉到網上平台消費，創業門檻其實不高。）

我從未試過創業，我又如何懂得創業呢？沒有攻略，沒有天書，亦無「梳史」（source）。很多人創業都是邊學邊做，缺點就是很多時會做錯決定，從而付出沉重的代價。有數據指出，九成初創公司都捱不過一年，第二年內倒閉的比率也非常高。創業從來都不是一件容易事，但難並不代表做不到。夢想不容易成真，**但如果創業夢一直只在空想而不行動，永遠只是一個白日夢。**

　　我一度以為創業只是一個少年夢，永遠沒有實現的機會，直至一個我很熟悉，而又獨具原創性的意念出現。

從讀書年代開始，我就想過創業。

創業要有原創性、獨特性

三十出頭，當認真想出來創業時，我就開始思考，應該要朝甚麼方向去創業呢？我認為，創業必須要有「原創性」和「獨特性」才行。如果創業只是去做人人都可以做的事，是很難成功的。

　　一個好的意念，可以令創業更容易成功；相反，則事倍功半。正如之前開珍珠奶茶店、炸大雞排店、格仔舖店等等，都曾經掀起一陣創業風潮，但從中取得成功的人實在寥寥可數。人人都能做的市場，是很難突圍而出的；因為當你看似即將成功之際，別人也會爭相仿傚，甚至比你做得更快更好。當大家都可以容易加入這個市場，代表這個市場的入門門檻其實很低。在競爭者如此多的情況下，如何能突出自己？唯有做得比別人更好才行。但由於競爭太大，要做得比別人好又談何容易？

　　就在上述那些創業風潮的項目中，永遠是第一代投入市場者才能取得最豐厚的利益。以娛樂圈為例，當我們談及「嘅模」時，除了周秀娜之外，大家還記得誰？這正是其「原創性」的價值，亦即是「頭啖湯」的重要性。

　　創業，就是要有原創性才能容易成功，否則只是抄襲別人的成功經驗而已；你懂得抄襲別人，別人也懂得抄襲你啊！要選擇自己專長的地方，別人才不容易抄襲

你的創業意念。所以除了「原創性」，還必須有「獨特性」才行。

我的「交通」專業

　　我在香港大學修讀土木工程系；畢業後，先在一間交通顧問公司服務了兩年。由於我是土木工程出身，自然是隸屬「交通工程」的部門；然而在工作的過程中，我漸漸對負責「交通規劃」的部門有所認識，並覺得他們的工作內容更加有趣。因此，我選擇裸辭並重回校園進修，在香港大學修讀「交通政策及規劃」碩士課程。

　　我的專業就在「交通」這範圍，所以創業也希望利用自己的專業來呈現出「獨特性」——若利用自己對運輸業的熟悉，從而開創出「只此一家」的一條新路，那麼即使別人想要抄襲，亦不是那麼容易了。而且，我除了把創業當成一盤生意，其實更希望能從中解決一些交通範疇的問題，從而回饋社會。

於香港大學土木工程系畢業後，曾工作兩年，其後裸辭修讀「交通政策與規劃」碩士。

創業在興趣之上

另一方面，當我們想要做好一件事時，必須投入大量的精神與時間。若這一項事業並不是自己真心喜歡並感到有趣味的話，如此的創業人生定必會感到痛苦。

從事自己有興趣的事，自然會追求完美，不會得過且過。如此，成功的機會亦大增。而且在工作中，總會遇到逆境的情況，如果本身興趣不大的話，恐怕難以堅持下去。

這樣的想法，相信也是 80、90 後，甚至 00 後的普遍值價觀，這跟我們上一代的心態是截然不同的。父母輩可以默默地從事自己不怎麼喜歡的工作，因為他們的心態都是「搵食」而已，但求養妻活兒便足夠。然而「新生代」便不一樣了：我們除了「搵食」，更希望追求人生意義。我們希望能在「工作」與「生活」之間找到平衡。

所以，當我決心要創業時，除了要具備原創性及獨特性，還加入了「興趣」這一條件；換言之，就是在我專業的「交通」範疇之內，再圍繞着到底甚麼是我最感興趣的事，來思考我的創業方向。

1.3

創業就像走迷宮一樣

當我正在構思創業方向，思考創業的具體流程時，一位白手興家創業的前輩說：「創業就像走迷宮一樣，不要想好一切才去做。」

他告訴我：「因為如果一切都已經想好，這時候必然已有其他人先行一步。創業的過程中，我們若不開始走第一步，是不會看到第二步才會遇到的問題；而不走第二步，亦不會看見第三、四、五步的問題。你若能看到最終答案時，代表已經有人走畢全程了。」

由於我一向從事規劃工作，早已養成「先計算好一切問題、完成整個藍圖才動手」的思維習慣；所以聽了這番話後，茅塞頓開。

創業，就是不可能有詳細的藍圖，只可以根據已知的情況做好規劃，然後見步行步，遇到問題再去修補，糾正原來的規劃。如果能預先完成整個創業藍圖才正式動手，其實代表我想做的事已經有人曾經做過，並已經取得成功 / 失敗了。

1.4

創業的天時、地利、人和

創業，是需要天時、地利、人和三者配合的。若這三者
已經一一具備，那就是時候起動了。

天時

　　首先是「天時」：我覺得三十而立正是最適合創業
的時間。二十出頭我才剛從大學畢業，沒有任何職場上
的經驗，只有書本中的知識，更沒有本錢，哪有條件創
業？但到了三十歲，累積了一些工作經驗，也儲蓄了少
許資金，便有條件起動了。雖然已經成家立室，但趁未
有孩子，可以放手一搏，否則就可能要等到六十歲「仔
大女大」才可以「瞓身」創業。

地利

　　其次是「地利」，亦即找到有助我實踐抱負的環境。
如此，我便要好好準備自己。

　　很多人以為「畢業」就是學習的終結；但我認為在
任何專業領域之中，持續學習都是很重要的。運輸業界
雖然及不上 IT 界般日新月異，但始終仍然一直在改變，
我們必須了解最新的行情，否則便無法與行家靠攏。
亦因我積極參與「香港運輸物流學會（CILTHK）」的
事務，及後更擔任了該學會的青年會員事務委員會執行

主席。

　當時，我發現會內那些跟我差不多年紀的青年成員，往往害怕與長輩溝通：若對方是比自己年長數屆的

参與「香港運輸物流學會（CILTHK）」，出席各項活動。

19

師兄,溝通也是順利的;但若對方是相差幾十年的老前輩,便會覺得有代溝,難以溝通。但對我而言卻剛好相反:我認為跟這些老前輩溝通,正是學習的大好機會。他們經歷過很多事情,而且很可能是我們將要經歷的事情,能及早了解,對未來必定有所幫助。我大約十年前參與學會的一個師友活動 (Mentorship Program),我的導師是一位是已退休的運輸署副署長,雖然師友活動舉辦後一年已經結束,但我們一直保持聯絡到現在,我亦一直向他徵詢意見,增廣見聞。

在學會中,年輕的成員往往不太主動。當學會要辦一些活動時,希望我們去聯絡本港運輸業界的一些大人物爭取贊助,大家都望而卻步,但我毫不害羞。有一次,我直接跟一間大公司聯絡,要約見他們的 MD (Managing Director,董事總經理)。當時大家都覺得「人家是大老闆,怎會見你這個黃毛小子?」但在我來說,即使被拒絕也沒有任何損失,為何不主動爭取機會?結果對方竟然接受了,並跟我吃了一頓飯,從中亦令我對業界有更進一步的了解。

覺得「畢業」之後就不必學習,可說是「填鴨式教育」的後遺症,當沒有人強迫學習就故步自封。這種心態是阻礙自己向前的。

人和

　　在學校、職場及學會打滾日久，所逐漸累積起人脈，從而出現了「人和」。所謂「出外靠朋友」，只要朋友夠多，便能有更多解決問題的方法。在現實中，即使是更厲害的人，單打獨鬥的話往往難以成事。

　　我修讀碩士學位時，結識許多來自不同公司、不同專業領域的同學，由於彼此在不同的崗位服務，當我在工作上遇到問題時，透過他們便可以掌握對此事不同角度的看法。因此，我覺得讀書時掌握知識固然重要，但更重要是在專業範疇中廣交朋友，從而建立人脈，並了解該行業中不同持份者的顧慮；有云「識人好過識字」，此話一點也不假。

「出外靠朋友」，只要朋友夠多，便能有更多解決問題的方法。

1.5

創業前的打工生涯

「交通」的專業有兩個範疇：一是「交通工程」，例如馬路的規劃設計、設定路口交通燈的轉燈節奏、評估道路飽和度（即會有多塞車）等；二是「交通規劃」，例如公共交通工具行走路線的規劃、交通政策規劃等。創業前，我一步步從「工程」走向「規劃」。

我修讀「交通政策與規劃」碩士學位的目的，其實是希望能從「工程師」轉職為「規劃師」，因為我真正想從事的是規劃方面的工作。就在我碩士畢業後，當時有兩間公司願意聘請我：第一間是香港知名的大公司，提供的是「交通工程」相關職位；第二間是名不經傳的小公司，卻是讓我擔任「交通規劃」相關職位。

在我內心中，毫無疑問是朝向「交通規劃」那邊的；然而這間公司的規模很小，還要派遣到汶萊工作！香港人一聽到汶萊，一般只想起汶萊華僑出身的著名藝人吳尊，除此之外，甚至連汶萊在地圖的哪一點也不知。我當下其實想到這會否是一個騙局，猶豫了幾天後，決定把心一橫，接受了這份工作。

入職之後，我發現這間公司不但規模很小，而且上至老闆、下至一眾同事，除我之外竟然沒有一人是「交通」專業出身的。因此他們才特意聘請我，為他們的工作進行評估。

前往汶萊，負責國家交通規劃。

汶萊的交通規劃

　　到了汶萊之後，原來我只負責一項工作：國家交通規劃。說到「國家」二字，這個工作的規模似乎相當大；但其實汶萊是一個很細小的國家，面積跟香港差不多，人口只有 40 萬，位於在東馬來西亞的一個點上，跟香港處於廣東省的情況十分相似。汶萊也是前英國殖民地，所以當地的交通規則也很接近香港。

在汶萊工作期間,我甚至有參與他們的國家部長會議作匯報。自此我便對自己說「相比起參與一個國家的部長會議,還有什麼更大的事我未見識過?」

離開香港去外地見識世面確實是件好事,因為我們的「常識」往往會成為自己的局限,限制自己的思想。

回港工作,再次萌生創業心

我在汶萊擔任兩年交通顧問後,便回港加入了一間大公司,繼續從事交通規劃工作,尤其針對公共交通工具相關的規劃項目。在工作的過程中,其實不斷萌生很多想法。大約工作至第三年左右,適逢公司重組,讓我萌生起離職創業的心。就在一面工作、一面另謀打算之下,我開始生起一個點子,並在第四年時終於把這個點子想通,覺得真的具有落實的可能性,是值得一試的。就在該公司服務五年後,終於決定創業。那個創業點子,就是以革新的方法,經營紅 VAN。

Chapter 2

踏進
紅VAN業

毎位 **9** 蚊

直通車

2.1

點解選擇紅VAN？

在我選擇紅 VAN 之前，其實已經考慮過其他交通工具創業的可行性，包括的士、貨 VAN 和旅遊巴等等。他們各自有甚麼限制呢？

我認為，的士行業已經開始走下坡；由於小撮的士司機品行不佳，導致整體行業形象受損，而且必須按錶收費，限制頗大──的士不能像 Uber 模式的應召汽車般，當很多人需要召車時，車資可以倍數來計費，而少人召車時，則可以半價吸引乘客；這種彈性收費，在的士而言是法例不容許的。

法例也規定的士不能作「泥艋的」（不相識的乘客共乘）。另外，由於的士沒有固定路線，一開始只有一輛車的話，很難積累熟客。

至於旅遊巴及校巴，基本上採取關連性質經營：平日作恆常性的校巴服務，假日提供單次性的旅遊巴服務。然而這一行業的最大門檻，就是初始投資的成本很高：如果未能確保有一定需求，那就沒有理由急於買一輛車；但若沒有車的話，則又很難爭取到學校的校巴服務。像我這樣「沒雞又沒蛋」的創業階段，這條路是行不通的。

還有就是貨 VAN。其實我在創業之前，亦曾加入那些送貨服務 App，以了解這種新行業的營運模式。然而在我體驗過後，明白了這一行實在很難賺錢：入行的門檻太低，太多人很容易就能進來競爭，而且主要被幾間公司佔據了整個市場。更重要的一點是，其實這是以「IT 科技」為本的原創事業，而我的專業並不在於 IT 方面，根本沒有條件跟他們競爭。當我把不合適的方案一一刪除後，發現其實只有紅 VAN 最有可能發展。

我認為紅 VAN 可以按需求而提供服務，十分有發展潛力。

傳統紅 VAN 業很有潛力

「科技」是會為人帶來進步,而沒理由會讓社會變得更差的。在目前來說,紅 VAN 堪稱是香港最傳統和守舊的公共交通工具模式,然而他們如此模式仍能營運至今,若我能把新科技帶進這個行業,即使未能取得重大突破,但相信仍然可以生存吧!

目前的傳統紅 VAN 經營方式,基本上都設有固定的行車路線及收費;而我的目標是開創出沒有固定的行車路線、不作固定收費的「共乘紅 VAN」。這想法,基本上有點像所謂的「白牌車」。

現在 Uber 在香港發展遇到的最大問題,就是被指它們在從事非法的「白牌車」服務,既然紅 VAN 本身就是合法的白牌車,那麼我們為何不去發展這方面的服務?

2.2

老行尊的提攜

在我決定了方向後，就將想法跟朋友討論，在過程中，其中一位朋友介紹我認識了一位小巴行業的老行尊。

　　這位小巴業界的老行尊，在行內屬於大老闆級。十分難得地他願意認識我，並給了我開始的機會。要知道紅 VAN 是眾多公共交通工具中最「神秘」的，外人都不太清楚這行業如何營運，這是最大的門檻。那時候我才發現，在這個看似傳統、守舊的公共交通行業中，原來有很多老前輩會因為看到有年輕人想入行而感到喜悅，並覺得是時候作出一些轉變了。

　　在這位老行尊的幫助下，我不但獲得介紹加入商會，而且也認識了一些租小巴的車行，他們甚至還協助我規劃未來的行車路線。

　　於是，我決定先由自己一個人、一輛車來開始我的事業。在風險管理上，這是最好的做法：即使虧損，最多亦只是損失車租、燃料費及自己的薪水，屬於有限範圍。而且我還可以回頭找工作，進可攻退可守。否則，假若一開始就先購置多輛小巴，一旦出了甚麼問題，風險就變得很大了。

　　那時我對行內的規矩還不甚了解，所以最好就是先在前線體驗看看。這位老行尊聽了我的想法後，就建議我先開一陣子綠 VAN，從而了解這一行業的營運模式。就在他的介紹下，我在某條綠 VAN 線上，當了一個月的司機。

2.3

創業前的綠 VAN 初體驗

基於興趣，我曾經當過兼職巴士司機，早已有駕駛巴士的經驗。因此，我在當綠 VAN 司機時，其實也算駕輕就熟。就在這一個月的綠 VAN 司機體驗中，我從中發現業內的一些問題。

其一，為何小巴往往都由較年長的司機駕駛呢？

這個問題，我在這條綠 VAN 路線找到了答案。

該線的站長説，大多數年輕司機在開了一、兩個月後就會離職，原因是這條路線的收入實在太低了。在這條路線開車，平均一小時收入約 50 至 60 元左右，一天開足 8 小時，一個月開足 22 天，僅僅有 10,000 元左右的收入，實在難以生活；相對而言，許多年老的司機本身就是退休人士，來開車的目的只為找點事情做，順便賺點零用錢，所以偶爾來開半天車就夠了。即使比較旺的綠 VAN 路線，收入也不會太多，正因如此，年輕的司機都很難留得住。

其次，為何總是等不到車呢？

綠 VAN 的薪資模式主要分為兩種：一是按工作時數算薪水，即「時薪」；二是按車輛跑完全程的次數算薪水，即以「轉數」計。除了上述兩種，也有一些會採用「拆賬」或「底薪加拆賬」方式，但並不常見。

我服務的那條綠 VAN 路線，是採用「轉數」計薪資的，跑一轉多賺 60 元。然而正因這種薪資模式，導致了在小巴的交更時間，乘客往往在站上怎麼等都沒有車出現。原因在於：很多小巴司機來開車只為找點事情來做，覺得當天賺夠了就算，大家在該更之中開完 6 轉後就休息了，之後的時間根本沒人開車。另一方面，這條綠 VAN 路線，設定跑一轉（來回）需時為 65 分鐘。但因為路上總會出現塞車之類的情況，一般都需要花上 75 分鐘才能回到總站。而當我開車回到總站時，卻發現我的下一班車乃至下下班車，竟然已經先我一步回到總站了。明明在路上他們沒有超前，怎麼竟能先我一步回到總站呢？原因很簡單：因為他們標示了「暫停載客」，就直接把車開回來了。因為我們採用「轉數」計算薪資，他們不載客直接回來，對他們而言根本沒損失。

就是這樣，導致很多人經常投訴在小巴站一直等不到車。

基於興趣，我曾經當過兼職的巴士司機，早已有駕駛巴士的經驗。

其三，司機上班時的交通問題

　　在這條綠 VAN 路線上，頭班車是上午 5:30 開出，而我開的是上午 6:30 班次，其實已經是第五、六班車了。儘管如此，我仍必須準時於五時出門乘坐頭班巴士，搭一小時車才能抵達總站去開工。

　　過去我一向在辦公室工作，過着朝九晚五的上班生活。就在我在開綠 VAN 那段時間中，深深明白大清早

出門上班，真的是十分辛苦的一件事。

（按：正因曾有此經驗，所以在我建立自己的車隊後，便會安排夜更司機在收工時，要將車停泊在次日早更司機家的附近。因為我們都很清楚，深夜要找車搭回家，總比清晨要找車搭去上班輕鬆得多！）

其四，司機沒時間休息

回到總站，若在我之前還有其他車，我還可以上一上廁所；但假如總站已經大排長龍，而只有我一輛車，便連去廁所都沒有時間，要立即開車了。小巴站附近往往沒有廁所，我們如有需要時該如何解決？有些老前輩笑說：「在沒乘客時，去山邊就地解決就行了！」但我們這一代，無論如何是不能接受隨街便溺的。

小巴公司亦不會為司機設定用餐時間，因為當車到站，若我去了吃飯，我的車便會塞住隊伍，後面的車就開不了。因此，很多司機會選擇工作期間不吃飯，先多跑幾轉，然後提早收工才去用膳；不然，也有選擇在補充燃料（石油氣）的時候，帶飯盒在車上吃。

其五，現今的小巴到底有多殘舊？

　　雖然政府近十多年已經持續訂立法例，要求小巴改善不同的設備，例如加安全帶、加高椅背等，但因為小巴沒有車齡限制，很多舊的小巴一直沿用至今。例如規定 2004 年 8 月 1 日或以後登記的公共小巴，必須安裝高靠背乘客座椅及裝設安全帶。所以當你坐上一輛沒有安全帶的小巴，這輛小巴很可能是 2004 年以前登記的了。

　　現時大多數的小巴，都是採用石油氣作為燃料的。大部分公共小巴都是「棍波」（手排變速），大家可能在學車時也曾經接觸過，小巴/ 貨車轉波時要用「兩腳極力子」（即需要踏離合器兩次才能轉換波段）。其實小巴用「一腳極力子」已經可以轉換波段，但部分舊的小巴還是需要用「兩腳極力子」，可想而知這些小巴車齡有多老舊了。

　　我本以為這些老舊的綠 VAN 被淘汰之後，唯一的出路就是送去「劏」（將全車拆解，有用的部位成為供其他車替換的零件，不能用的部位拿去當廢鐵賣）；但老前輩們竟告訴我：被淘汰的綠 VAN，就是轉去當紅VAN 用！

　　原來，由於綠 VAN 有公司進行管理，所以對汽車的狀態比較有要求；而紅 VAN 多是個體戶的租客，大家根本沒得選擇。有些投資者買紅 VAN 牌回來就是要出租賺錢，根本不在意車輛的新舊，行得到就收到租。事實上，無論綠 VAN 或是紅 VAN，其實都沒有車齡限制。

　　就在我體驗過綠 VAN 的工作生活之後，深知其中的優點及缺點；所以在我之後創業時，便決心避免上述問題。

在體驗完綠 VAN 司機的生涯後，便正式開展我的紅 VAN 事業了。我選擇的營運路線，就是以荃灣麗城作起點，開往荔枝角便折返。

選擇「麗城至荔枝角」

在紅 VAN 的業界內，不成文地將全港路段劃分為「公海」與「非公海」：「公海」是誰都可以跑的，合情、合法、合行規，所以初期作為個體戶的我，會選擇在公海跑。

「公海」範圍主要有二：其一是港島堅尼地城至筲箕灣的路線，然而這條路線競爭極大：平價的選擇有電車、時間穩定和避免塞車的有港鐵、想快捷地由港島東到西則可選擇走東區走廊的巴士，而紅 VAN 在這條路線能賺的車費也不多。另外，乘客選擇乘搭紅 VAN 的理由多是求「快」，然而港島的路是絕對快不了的，尤其紅 VAN 不能行走大多數的高速公路，所以我當初沒有選擇在港島試辦。

其二就是荃灣至佐敦的路線，這是全香港少數可以讓紅 VAN 行駛高速公路的路線，因此我選擇這一條路線作為起點。（按：關於「公海」，後文會再詳談。）

一方面，香港很多地方是交通黑點，若我選的路

線途經多處交通黑點的話，很大機會會因意外而塞車。由於我只有一輛車，完全沒有調動的空間，一旦遇上塞車，那麼當天的生意就不用做了。因此，我選了一條較少發生交通意外，也比較不會塞車的路線。與此同時，我亦刻意避免進入旺區，一方面因為旺區內多行家，我不便貿然參與競爭；另一方面，我也怕把車開進去後，不知會否因塞車而走出不來。

在這路線上，從麗城花園至荔枝角／深水埗／旺角／佐敦有不少公共交通選擇，而我發現這一條路線其實是具有時段性的：由於荔枝角是工廠大廈區，所以上午9時前的上班繁忙時間，大多數乘客都在這一帶下車；過了荔枝角後，深水埗區以批發店為主，一般上午10時後才有較多人到這一帶；而旺角是商店街，中午過後才會有較多乘客前往。

在上班高峰時間，七成乘客都會在荔枝角一帶下車，然而多數公共交通都是沿路服務至佐敦及尖沙咀，我總覺得這樣的服務非常浪費資源。如果我嘗試經營的路線只往來荔枝角，車輛就可以更快回到荃灣，然後再接下一批乘客前往九龍。由荃灣去荔枝角只需要20分

往來麗城、荔枝角
工廠大廈區是有相
當客人流量的。

鐘,尤其當初我只用一輛小巴試辦,即可以每40分鐘
開出一班車。另外參考了同路段的巴士收費為8.9元
(現已漲至9.4元),因此我就定價9元,往來麗城花
園及荔枝角,還算是有利可圖。

2.5

路線設計、時間表設計

決定了起點及終點後，我便開始設計行車路線了。首先，我要看看哪些路段是上落客的禁區？再看這條路走一轉需要多久？初步訂定時間表、上落客點，以及做一些客量調查，可幫助我評估乘客數量。

固定班次、定時開車

由於是創業之初，我只有一個人、一輛車，所以路線不能太長途：太長途的話，開一、兩轉就已經過了上班繁忙時間，之後就沒甚麼乘客了。因此我維持路線在40分鐘之內跑一轉的距離，直至我有第二輛車出現為止。而且我還採用了定點班次，這是紅VAN業界前所未聞的。

決定了起點及終點後，我便開始設計行車路線了。

AN 1 · AN 2

AN 1		AN 2
麗城花園 / 恆麗園* / 汀蘭居*		
Belvedere Garden / Hanley Villa* / Bay Bridge Lifestyle Retreat*		
荃景圍天橋 / 南豐紗廠		
Tsuen King Circuit Flyover / The Mills		
大涌道 福來邨 / 祈德尊新邨		
Fok Loi Estate / Clague Garden		
美孚站* / 荔枝角站		
Mei Foo Station* / Lai Chi Kok Station		
光昌街 / 興華街 / 明愛醫院		
Kwong Cheung Street / Hing Wah Street / Caritas Medical Centre		
長沙灣站* / 元州邨* / 貿易廣場		
Cheung Sha Wan Station* / Un Chau Estate / Trade Square		
怡閣苑 / 東京街 / 東沙島街		
Yee Kok Court / Tonkin Street / Pratas Street		
深水埗站 / 欽州街 / 黃竹街		
Sham Shui Po Station / Yen Chow Street / Wong Chuk Street		

*部分班次不停此站

麗城花園往來深水埗	$9
恆麗園往來深水埗	$10
恆麗園往來祈德尊新邨	$5
美孚往來深水埗	$5

AN BUS

AN BUS - 至平安全及技術紅Van

歡迎 WhatsApp 63361290
查看下班車時間及班次

　　一直以來，紅 VAN 都會等至客滿才開車。然而我很清楚，上班時間爭分奪秒，乘客有時間都寧願多睡一會。因此，我先訂明開車時間，同時也使用智能手機，讓熟客可以透過 WhatsApp 留位。利用了 WhatsApp 系統之後，乘客就容易知道小巴是否已經過了站，以及下一班車到站的時間。我認為，這可讓乘客自己決定是否等我的車：可以等則等，不能等就讓他走。這比不斷騙他「很快就有車了」會更好，否則只會讓他們以後不再乘搭。

　　我確定路線為荃灣麗城至荔枝角，去程約 20 分鐘，加上回程合計 40 分鐘。然而因為初期並沒甚麼乘客，所以時間是很鬆動的；及後乘客越來越多，時間就開始變得越來越緊張了。為此，我亦調整時間表，避免出現誤點的情況發生。

　　另一方面，由於當初開車時間定在上午 8:10 及 8:50，我發現這安排會錯失了 8:30 這最多人上班的時間。於是在營運兩個月後，我跟熟客們商量，並調整班次時間。由於我待熟客如朋友，他們也很樂意配合我的安排，結果有些熟客願意提早來上車；而沒法配合的只好改乘其他車，但在我增購第二輛車並加密班次後，他們也回來乘搭了。

2.6 創業首週的掙扎

自我正式駕駛紅 VAN 起，第一個星期的總收入，其實只賺到燃料費，卻虧損了每天幾百元的車租。這對我而言，確實是頗大的挫折。

從資料搜集、路線設計、商會溝通、租車等等一步步走來，排除一個個難關後，我在 2019 年 8 月上旬終於開辦了第一條紅色小巴線，往來荃灣麗城及荔枝角。

根據之前所做的資料數據分析，肯定有足夠的乘客往來這兩個地方，滿心期待乘客會立即轉過來坐小巴，朝早每班車也應該可以輕鬆滿座，但現實永遠是殘酷的。

還記得創業第一個星期駕駛着一輛 16 座小巴，每班車經常只有一、兩位乘客，最多乘客的一班車也只有五、六個人。有時從頭站都最後一個上客站都無人問津、黯然空車返回總站重新開出。還試過如是者從總站開出三次才有一位乘客上車。當時一日只能收到三百元，勉強賺回油費，尚不計每天數百元的車租和自己的工資以及時間成本。當時甚至懷疑過我這個創業夢是否轉眼就要破滅。

但這批勇於嘗試新線的乘客絕對是這條創業路的一根救命草，如果沒有他們當日的支持，這個創業夢可能

兩、三個星期就已經要夢醒（在此再次多謝他們一直以來的支持，有不少乘客每天支持直到現在）。每當我只載一兩位乘客時，我並沒有自暴自棄，反而更加珍惜他們的支持。我會像的士一樣讓他們能在最方便的地方下車，例如在內街、學校門口等地方，好讓他們下次也會預約我的車。

每當有一位乘客上車，我都會細心介紹這條新線，還叫乘客可以 WhatsApp 我下一次乘車。即使只有一位乘客，我也會為他們加開一班車。

幸好，第二個星期的乘客量多了一倍，第二個月開始已經足夠我交車租和油費，令這條創業路可以慢慢走下去。

香港人對一條新紅 VAN 線的猶豫

當我以為開設一條紅 VAN 線，只要夠快捷、能直達、夠便宜，乘客就會毫不猶豫上車，但事實並非如此。當乘客見到一條新的紅 VAN 線，其實會有很多問題浮現在腦海中。作為司機，會見到一個個「黑人問號」在這些候車乘客的頭上。

「咦？有架紅 VAN 喎！好似同平時嗰啲紅 VAN 唔同？」

這是大部分乘客第一次見到這條新線的反應。

「咦？呢架紅 VAN 去邊度㗎？」

明明車頭清晰顯示目的地，但新乘客都會一臉疑惑。

「司機，呢架車係咪去荔枝角㗎？」

每位新乘客猶豫地上車時，總會問一問自己看到的目的地有沒有錯，因為以前並沒有見過開往荔枝角的紅VAN。

「司機，呢架車行長沙灣道定係荔枝角道㗎？」

車頭顯示的目的地只有簡單的地方名，很多新乘客其實都會猶豫小巴途經的地方。

「司機，長沙灣道可唔可以落車？」

「長沙灣道沿路都可以落車啊！」 這是我最常的回應。**紅 VAN 就是沿路都可以上下車的交通工具，比其他交通工具方便，這也是紅 VAN 的優勢**，當然應該善用。不過，就算知道路線和目的地，也不代表猶慮會一掃而空，有些乘客還是會擔心繞路。相對而言，乘客會放心坐上巴士，也因為巴士一定是走同一條路線。

而且，傳統紅 VAN 一般都會等客，甚至等到滿座才開車。新乘客經常會擔心要在車上等上一段頗長的時間。特別是當看到車上還沒有其他乘客，一等可能就要等上半小時。所以我很少等客，就算等，也都只是花一、兩分鐘，而且見到相關巴士停站就一定會開走。很多乘

客第一次上車都會説：「我見到呢架車好多次，但次次猶豫緊，就見你開走。」

　　我的回應是：「係啊，我哋唔等客㗎！你見架車好上車喇。如果今次你上我架車，我等到巴士走埋都未開，下次你都唔上我車喇。」

　　除此之外，很多新乘客上車都會問車資（可能因為不相信紅VAN只比巴士貴一毫子）。他們也會問，這輛紅VAN是不是只收現金？我使用這種交通工具有沒有交通津貼？這些問題往往令乘客最後寧願等巴士，也不願意乘坐眼前的紅VAN。

　　要讓人嘗試乘搭一輛新出現的車是很難的，但搭過一次之後，就有很大機會繼續乘搭了。

　　我必須要讓更多的乘客，習慣乘搭我的車。尤其當我的服務擴展至週六、日後，發現到有很多人對是否上我的車感到猶豫。事實上，有些人可能每三個月才有需要去深水埗一趟，如此，當他們第一次看到我的車時不敢上；三個月後第二次再看到我的車時，開始有點印象；結果半年之後才敢嘗試搭第一次，此後他就不會再猶豫了。

2.7

創業首四個月的生活作息

時至今日，我們的車隊在星期一至日全日提供服務。但在創業的頭 4 個月，即只有自己一個人在開車時，我只在上班、下班時間提供服務。

那時候，我從清晨 6:30 出門，7:10 開頭班車，直至上班高峰時間過後，10:30 就先去油站補充燃料，然後把車停泊在元州街午休。我會隨身帶着筆記型電腦，午休時間就到附近的長沙灣體育館裏用電腦工作，並把握時間小睡。我設了手機鬧鐘，到下午 3:30 就會響鬧把我喚醒，然後再從 4 時開到 8 時收工，大約晚上 9 開車回到家，在樓下停好車後才回家吃飯。

創業的最初 4 個月，我一直在過這樣的生活。那時候，我的車只開到荔枝角，並只有上班、下班兩個時段。回想當時我還有休息的時間，現在我連休息時間都幾乎沒有了。那時週六、日都不開車，所以能有陪伴家人的時間，並有空做公司的行政管理工作。

家人的支持

幸而我的家人都很支持我的創業決定，即使跟他們說是開紅 VAN，大家也沒有任何反對的聲音。儘管目前我的收入仍然十分不穩定，但父母和太太都十分支持我。雖然如此，我總不能一輩子過着如此不穩定的生

活。所以我設了一個期限給自己：如果創業滿一年時，我仍然只能自己一個人開一輛車的話，那麼我就不繼續做了。

結果短短 6 個月後，我就已經擁有第二輛車；一年之後，已經成為一支擁有 4 輛車的隊伍了。於是我再定下了第二個目標：我要在自己不開車的情況下，光靠管理車隊就能為自己賺取一份穩定收入。這是目前尚未能做到的，仍靠自己偶爾充當司機才能賺一點錢。這一點，是我一下步需要注意的，如果創業滿兩年時，公司連我的固定薪金都賺不到的話，那麼我又要再考慮是否繼續了。

當然，我創業時所投資的那筆本金，目前還是沒賺回來的。始終我作為公司的 CEO，直至目前還沒能賺到自己的一份薪水，就更別談「回本」的問題了。

我的家人都很支持我的創業決定。

2.8

社會運動的影響

2019 年 6 月，香港爆發大型社會運動；此時，正值我正式開業的時間。

　　我創業的具體想法始自 2018 年年底，經過一輪準備工作，到正式落實計劃時，已經是 2019 年 8 月了。那時候，香港正值多事之秋。但我確信「有危，便有機」，正因當時社會運動導致巴士及港鐵經常暫停服務，反而讓很多乘客願意嘗試乘搭我這輛新車。

　　當時因許多地區封了路，我的行車路線也受到影響，正為沒辦法服務街坊而苦惱；然而回家後看到新聞報道，竟然有的士以 100 元一位的收費從美孚開到荃灣！須知的士收費是受規管的，他們這樣做是違法的；可以想像今天社會大眾為何對他們紛紛離棄。

行業的「社會責任」

　　我認為在事業的發展上，應當守着「有所為，有所不為」的道德底線。「發災難財」這種行為，站在行業的立場，即使可以得到短期利益，但長遠而言是不該做的。任何行業其實都有其「社會責任」，在面對社會的重大事故時，雖然我未至於主動「義載」，但我決不會坐地起價。與此同時，當我在回家的路上，若遇到被困

街頭的路人，順道的話我也可以免費送他一程。

　　因此，無論遇到颱風或暴雨天氣，我的車都不會特別加價。在 2019 年社會運動正盛之際，旺角許多交通要道都被封路，由於巴士路線是固定的，司機不可以自行臨時改道；所以幾乎所有巴士線都停駛了，導致乘客都湧去乘搭小巴。但我在這段時間，依舊堅持照收原價。

　　生於亂世有種責任，人人對「亂世」、「責任」的定義都不同，而我認為自己的責任，就是盡我所能，為大眾提供交通服務。「交通專業」是我事業的重點，所謂「專業」，就是要能專業地做好每件事；例如作為專業的紅 VAN 事業，訂價是 9 元一位，上車就是收 9 元；明明説好是收 9 元的，臨時才説要收 100 元，這不但不專業，更是不合理。

　　可能有人會覺得我傻，做生意有錢卻不懂得賺。但其實好些熟客正是見到我不坐地起價而慢慢累積下來的。有次，一位乘客上車後向我反映，巴士沒有服務時，她打算 CALL 的士，接電話的人直説那天不論目的地，起錶價都是 500 元；當見到我依舊收取每位 9 元後，她自此盡量都會坐我的小巴，而且會介紹給身邊的朋友。

早已被遺忘的紅 VAN 角色

在那段動盪的時間裏，其實亦凸顯了紅 VAN 的角色。事實上，為何「小巴」會在香港出現呢？就是與1967 年的暴動有莫大關係：當時香港還沒有地鐵，市民的陸上交通工具，除了港島區的電車，就只有巴士。然而當時巴士司機罷工，使全港交通癱瘓。當時，在鄉郊地區其實有一些方便鄉里出入的白牌車在營運，然而這些車一向不能進入市區的；鑑於當時情況，政府決定徵召這些鄉村車進入市區，紓緩交通問題。期間，政府發現這些白牌車有助解決交通問題，作為權宜之計，便立法讓這些白牌車合法化，紅 VAN 自此便出現了。

40 年過去，紅 VAN 在市民的眼中已變得可有可無，市場佔有率每況愈下，如同夕陽行業。結果就在這次事件中，讓人看到巴士、綠 VAN 的不足之處：正因它們的行車路線等等沒有任何彈性，結果一旦出現臨時封路的情況，它們沒有辦法變通。相反，這時候紅 VAN 的靈活性便充分凸顯，可以很快速地因應實際情況而調整服務。2019 年，也許正是紅 VAN 的轉捩點，讓大家重新憶起早已被遺忘的紅 VAN 角色。

2.9

疫情的影響

始終，我開這家公司的目的，並不是想搶行家的飯碗，而是想把紅 VAN 的市場重新做大；所以我在經營上，希望能盡量避免影響別人。當然，確實有行家向我抱怨，說我車的出現，已經影響他們的乘客量；但我希望大家能和氣生財。而且我覺得，對方願意把事情拿出來跟我談，本身是一件好事；彼此不願溝通的話，只會構成更大的問題。

到底我做了甚麼事，影響了行家的生計呢？原因在於 2020 年初爆發新冠肺炎的疫情。

在疫情爆發之後，因為許多人都在家工作，導致外出上班的人流量大減；而紅 VAN 的一貫作風，就是等全車滿坐才開車，人數不足就不開，所以在疫情期間往往等很久還沒開車。

因為我採用按時間表發車的模式，結果那些本來坐他們車的乘客，看到我的車經過時，便紛紛改搭我的車了。昔日我的車經過某站時，一向沒甚麼人上車，因為其他行家的車很快開出；但疫情爆發後，我的車在該站竟多達 9 人上車。因此，行家便認為我搶了他的生意。為了不傷和氣，我亦改了行車路線，自此我們便在他們營運時不停該站，把該站的乘客留給他們。

　　我認為我們業界必須團結才能有將來，須知全港約 4,350 輛小巴，其中紅 VAN 約為 900 輛，只佔當中四分之一；而全港巴士卻多達 6,000 輛，光車輛數目就是紅 VAN 的六倍，更別提每輛的載客量了。所以若我們紅 VAN 業界不懂得團結的話，根本不可能跟巴士周旋，更不用説地鐵的載客量了。紅 VAN 在近 5 年來，在公共交通工具的乘客佔有份額，足足下跌了 15%。因此，我不希望我的加入，反而會影響行家的生意。

　　在疫情下，由於大家在家工作，往往不必上班。在此環境下，有穩定工作的人當然開心，然而對交通業而言，卻是非常悽慘的時勢——沒人需要回公司上班的話，亦即沒有乘客了。

　　2020 年 7 月疫情爆發第三波，12 月爆發第四波，我以該月的月頭與月底作比較，就可以知道乘客量足足下跌至本來的四成。由於我的車隊採用固定班次服務，司機、燃油的成本是不變的，但收入卻跌至只有四成，可見損失有多嚴重。週一至週五，很多人還因為上班而必須出門，但到了週六、日，沒有出門的必要，乘客因此就更少了。

　　就在此時，有一些熟客雖然在家工作，不必到公司上班，但他們怕我無以為繼，雖然沒有乘車，但仍每天照樣用 PayMe 付我車資，希望給我一些支持！正常來説，沒有人會不搭車而付車資的，然而因為我抱着「人人為我，我為人人」的精神，待乘客如同朋友，所以他們也一直支持我！

2.10 從司機到管理者

自從我在 2019 年 8 月創業開始，經過半年之後，生意已漸上軌道。我的車開始分為早、晚兩更，與一位 23 歲的年輕司機合作，全天行走服務至晚上 11 時。儘管如此，但我其實還沒決心增加車輛。我會增加第二輛車的原因，其實是有一位車主有意入線。由於他自己擁有一輛小巴，自己開自己車，如此我不必增加甚麼成本，便可以提升服務水平，何樂而不為？

還記得這位車主在 2020 年的年三十晚第一次跑完這條路線，我隨即便在 Facebook 專頁上公佈即將增加班次的消息。然而大家都沒料到，新冠肺炎的疫情在過年後大爆發，學校開始無限期放假，那位車主亦因此臨陣退縮，不想開車了。

由於一切已準備就緒，新車亦已經準備好，我怎樣跟乘客交代？如此，我變成了要租他的車，然後與那位 23 歲的司機，從「一人開一更」變成「一人開一輛」了。

之後，我亦按計劃逐步發展。隨着社會不景氣，很多司機失業，因此我開始有更多的人手；既然有人手，那我就可以進一步擴張。到了 2020 年 6 月，

由於疫情放緩,我覺得是時候可以擴展了,於是增加第三輛車;沒料到 7 月時爆發第三波疫情。儘管看似很倒霉,但我仍然樂觀地看待自己的事業:我車隊每天的乘客量,比國泰航空還要多啊!

經營小巴公司

到了 2020 年 10 月,我增加至第四輛車了。會增加這輛車,主要原因在於我看見有新的商機:因為掃管笏有不少新屋苑落成,與此同時,那新款小巴型號是我一直渴求的,所以便立即租下了。

時至今日,我正逐漸減少自己開車的時間,希望慢慢退卻幕後。當初自己一人開車,一切問題都由我直接處理;但當我退居管理崗位時,前線同事人人性格、能力都不相同,未必人人跟我的做法一樣。而且我們並非僱傭關係,而是租賃關係:我收司機車租,他們利用我的公司車賺錢,跟一般公司架構並不相同。

我要振興紅 VAN 行業,認為首要是從制度上作出改變,令大家有動力自己去做我期望他們達成的事情。我本身閒時會設計桌遊,深深明白一個遊戲規則的設計,將會影響各人在過程中的取向和行為。同樣地,我需要設計出一個好的制度,令大家朝着相同的方向前進。

2020 年 10 月，我的車隊新增了第四輛車。

我對司機的要求

在我的同事中，那位 23 歲的年輕司機是最跟得上我的步伐的，在熟客眼中，他就是我的「徒弟」。我開車時會很重視乘客的乘坐感覺，盡量開得平穩一點，而這位「徒弟」也能開得像我一樣；然而一些年紀較大的老司機，開車手法依然是普遍的模式；乘客會感到比較顛簸。一開始我對他們還是有所要求，但久而久之，我亦沒有那麼執着了。

　　儘管有些司機開車比較顛簸，但只要有責任心，其實已經可以接受。因為我曾用過不少年輕人，他們往往來開一、兩天車，在沒有交帶的情況下就「失蹤」了，要我自己臨時頂更。亦曾有一位司機，本來一週開 6 天車的，有一次跟我請了 4 天假，我本不以為意；在假期結束之際，再跟我說他媽媽生病了，要照顧她，然後自此消失了。

　　我對司機的要求，首要就是「安全性」。很多年輕司機經驗不多，對開車一事的追求是「有型」，我聽後不禁失笑，跟他們強調開車最重要的是「安全」。我開玩笑說：「甚麼最有型？當你造成交通意外後，把賠償的鈔票擲在桌上的一刻就最有型了！」事實上，他們的心態確是要調整的。

處理人事其實才是最困難的

　　每個人都有其長處與短處，我該如何擅用他的長處、避開他的短處？這是需要慎重思考的。例如有一位司機，在試車的過程中一切正常，然而到正式開工時就不行了，而且交更時還會迷路：明明都停在同一位置上，第一天迷路時我還可以理解；但第二天同一位置仍然迷路，實在讓我感到傻眼。因此，我跟每一位同事，其實都需要時間磨合。

在管理上，因為我自己也不時親自上陣，大家其實會比較服氣。這是運輸業界的普遍現象：作為管理層，有開過車跟沒開過車，在前線同事眼中是有差別的，沒開過車的管理者往往服不了人。正因為我會親自開車，有些事情到底行不行得通，我一聽就能明白。例如在路上遇到塞車而誤點，我是理解並接受的。

曾經有一位乘客預約了上車，問為何車遲了 10 分鐘還未到。當我跟進時，從 GPS 看到車廂當時位置，再問司機的開出時間，就知道他在騙我，其實是司機提早了 10 分鐘開走。但現實中，其實常常會出現司機與乘客的說法不一致，到底該信任司機還是乘客？我該如何處理？這些問題往往都難以解答。

總而言之，我希望自己親自開車的時間能越來越少，並讓管理的團隊越來越大。由於人事的管理真的很困難，慶幸團隊的手足們都很願意配合，讓我還算應付得來。目前在我的車隊中，全職司機約 6、7 人，其餘 10 多人都是兼職的。在兼職司機中，有些人一週只開一天或半天，也有幾位很穩定地排更。

其實傳統交通界的做法是「編更」的：我要你哪天開車，你到時就去開車。然而我的做法是較人性化的，讓大家自己選排更時間；但這種做法會容易資源錯配。結果，有時候我會不夠司機開車，也有時候會太多司機

當值，沒車給他們開。甚至有一次因一位同事身體不適，臨時請假，需要我立即趕過去替更。我期望日後公司進一步壯大，到時應該有更多同事坐在辦公室工作，若需要替更時就由他們來應付。

第二部

紅VAN業的前世今生

Chapter 3

點解要分紅VAN與綠VAN？

每位
9
蚊

直通車

3.1

小巴的由來

在上世紀六十年代，當時有一些白牌車在鄉郊營運，這些 9 座位客貨兩用鄉村車，採用 5.5 噸貨車改裝而成，在車斗內建有左右兩排座位，為鄉民提供出入鄉村之接載服務。

由於那年代的香港，還沒有興建各條隧道，山路也不好走，所以巴士有很多市區以外的地方到不了。正因如此，這種來往鄉村之間的白牌車才應運而生，銜接了城鄉之間這一段的交通服務。然而，這些白牌鄉村車，當時是不能進入市區的。

合法的白牌車

1967 年香港爆發暴動，巴士、電車都出現罷工情況，由於當時尚未興建地下鐵路，因此全港交通幾乎陷入癱瘓。就在「六七暴動」之際，政府為解決市區內的交通問題，便默許了這些白牌車進入市區。

　　在局勢恢復平穩後，政府在 1969 年宣佈小型巴士合法化：規定一輛小巴可載客十四人，並可在任何時間於准停的地點載客收費；車身為鮮黃色，中間有一條紅色色帶，標明「公共小型巴士十四座位」。「紅 VAN」自此誕生。

　　然而，小巴合法化後，雖然有助交通疏導，但市區突然湧現大量小巴，也造成交通混亂，加上這些紅 VAN 經營的路線不受監管，只要在車頭上標明「目的地」及「價錢」的牌子便可以經營。為了糾正情況，政府在七十年代中期推出了「專線小巴」的制度，希望將小巴重新納入監管之內。

點解要分紅VAN 與綠VAN？

3.2

政府鼓勵小巴專線化

紅 VAN 除了「公共小巴牌照」的管理外，其行車路線、服務時間、班次及收費等等都未有嚴格監管，導致衍生各種問題；因此合法化不久之後，政府便推出「專線小巴政策」，鼓勵紅 VAN 轉型成專線小巴，亦即所謂的「綠 VAN」；行內人俗稱「戴綠帽」。

　　為吸引紅 VAN 司機「戴綠帽」，政府提出只要該路線轉為專線，便會禁止紅 VAN 經營相同路段，例如設立「公共小巴不准進入」指示牌，或將沿路改為「禁止公共小巴停車」等；以此作為誘因，不少紅 VAN 因此轉成綠 VAN 經營。同時，政府為了方便管理，要求專線小巴必須以「公司」來申請；開設同一條路線的司機，合作成立小巴公司來投標，然後政府只會跟公司的負責人接洽。

　　牌照上，因為「綠 VAN」本身是「紅 VAN」轉型而來，所以彼此所用的小型公共巴士牌照是一樣的。成為綠 VAN 之後，便有了指定的行車路線、固定車站、固定服務時間、固定班次及固定收費，但與此同時，卻失去了「小巴」原本最重要的「靈活性」。

3.3

政府限制紅色小巴的政策

大家可能發現，紅 VAN 有不少不准駛入的地方，這可説是歷史使然的。

政府對紅 VAN 一直設有很多限制，其中最大限制，就是只允許紅 VAN 行走當年合法化時已經存在的道路，其後再發展的新市鎮便不允許紅 VAN 進入。因此，現時紅 VAN 能進入的新市鎮僅有荃灣及觀塘，其後再發展的青衣、屯門、沙田乃至天水圍等等，都是不許進入的。所以，想了解香港在上世紀七十年代有甚麼主要道路？甚麼地方是七十年代之後才發展？只要看紅 VAN 的路線便可知一二；舉例粉嶺華明邨是紅 VAN 不能進入的，但聯和墟就可以，可見聯和墟一帶較華明邨更早發展。

另一方面，紅 VAN 也不能行走香港大部分的高速公路，例如港島東區走廊、吐露港公路、屯門公路、粉錦環迴公路等等，因為這都是七十年代後才興建的，所以紅 VAN 一律不能行經。

由於新建的道路不能走，而大部分新市鎮紅 VAN 也不能進，能走的都是舊區，所以營運的範圍大受限制。

點解要分紅VAN 與綠VAN？

　　一位前輩就曾抱怨説：「在 1970 年代，6,000 元就可以買一層樓了。我當年花 6,000 元買了一個小巴牌照，説好只有兩個地方（尖沙咀、山頂）不能進入而已；但買了之後，卻越來越多地方不能駛進，實在説不過去。」

最適合紅 VAN 的服務環境卻諸多制肘

　　其實紅 VAN 的行車路線很靈活，可以隨實際需求來往一些並非經常需要服務的地方，例如郵輪碼頭：沒船抵港時，這地方根本沒有乘客；一旦有船時，卻經常沒有足夠的車輛來往市區。又例如舉辦大型球賽時，可開往大球場接載球迷，這些都是不必天天有服務的路線，只需在特定日子提供服務便可，這正是紅 VAN 可以擔任的角色，兼且有助紓緩交通的地方。

　　然而，現實是紅 VAN 受到很多限制。在假日時，明明有很多登山客會到萬宜水庫東壩行山，因此很多人需要乘車進出西貢，但西貢郊野公園範圍是紅 VAN 的禁區（按：萬宜水庫東壩的綠 VAN 線，是逢週六、日才有服務的，但這條線的營運商同時營運西貢往九龍的路線；當多人前往東壩時亦同樣多遊客出入西貢，所以在假期時，東壩的綠 VAN 線根本無法應付遊人的需求。站在綠 VAN 營運商的角度來看，他們也解決不了問題：

那地點的旺季只有短短幾個月，一個月只有那兩、三星期的週六、日有人流，因此他們不可能只為那不足十天的服務而去添置新車。「客運營業證」的制度下也不能讓他們去借其他小巴服務遊客。），因此造就了「黑的」、「泥艋的」的出現。「黑的」、「泥艋的」的出

假日人流多的景點，經常沒有足夠的車輛來往市區。

現正是反映實際的需求：正是該地點連正常的的士服務都不勝負荷，才讓「黑的」、「泥鯭的」可以有市場。

在這情況下，紅 VAN 明明是可以補位的：紅 VAN 的行車線靈活，只在旺季有需要時才進出那地點，並根據不同時節而不斷轉移路線，協助疏導人流。可惜，在現有政策下只能事與願違。

多舉一個例子，中環新建的灣仔繞道是紅 VAN 不能行走的，如此就讓昔日不用經中環而直出灣仔的紅 VAN，因失去舊路而新路又不能走的情況下，必須經過中環才能到灣仔；於是，便惡化了中環的塞車情況了。

上述這些問題，一直沒有人提出來。紅 VAN 不像巴士、綠 VAN 等以公司形式經營，有機會接受政府諮詢；很多紅 VAN 其實都是個體戶，亦難以有效向政府反映意見。

簡而言之，紅 VAN 現在就是在夾縫中尋找生存空間。

綠 VAN 的限制

　　另一方面，綠 VAN 也是有其局限的，在綠 VAN 的行家眼中，他們在營運上的最大問題是車輛之間不能互相補位。每一輛綠 VAN，其「客運營業證」都列明該車的營運路線編號，只可以走指定的路線；如果一間綠 VAN 公司同時經營兩條路線：一條是週一至週五多人乘坐的「上班線」，另一條是週六、日才多乘客的「旅遊線」，但除非兩條線的「客運營業證」相同，否則兩條線的車不能互相調動補位。相比之下，紅 VAN 有其靈活性，把車如何調動都可以。

　　另一方面，當有人提出要申請一條紅 VAN 路線轉為綠 VAN 線的話，政府便會進行公開投標；由於提出申請者未必一定能投中，若被別人投中的話，反而會令自己失去飯碗。因此，不少紅 VAN 路線不會申請轉為專線，這些地區便成了紅 VAN 的市場。

3.4

紅VAN行業的問題

話說回來，紅 VAN 在合法化之後，社會大眾亦漸漸發現這種交通工具出現不少問題。

對政府而言，巴士的路線、班次及收費等，都是受到監管的；的士的收費也是受到監管的。而紅 VAN 除了「公共小巴牌照」的管理外，其行車路線、服務時間、班次及收費等等都未有嚴格監管。

舉例來說：我突然想駕駛一輛紅 VAN，提供車從北角到流水響的服務，只要上客前標明目的地及收費，其實就已經可以。所以在颱風之際，紅 VAN 臨時加價，其實是沒有犯法的，不同於的士必須按錶收費。這情況就如同一些「Call 車 Apps」的模式，在不同時段可以有不同收費，道理是一樣的。紅 VAN 的經營是「願者上釣」：先訂好目的地及價錢，你接受我的開價就上車，你情我願，一切合法。

路線不受監管的漏洞

正因紅 VAN 可以走不同的路線，而且未有嚴格監管，如此問題就出現了：乘客不會知道到底有沒有車，有車的話也不知有沒有座位，有座位又不知道會收多少車資，而上了車也不知甚麼時候才會開車。而且對於紅 VAN 的問題，乘客只能針對「公共交通問題」（如違泊、

堵塞交通等）範疇去投訴，其他方面其實投訴無門。

在「公共交通問題」上，政府規定了紅 VAN 只能在指定的車站上等客，在路上時，除了按照乘客指示上、落車外，原則上是不能停車的。

但是，「上有政策，下有對策」，為求多「撈」一些乘客，司機可以用龜速來前進，避開了「停車」的問題；但此舉又引伸出交通擠塞的問題。因此，其後便出現了「紅 VAN 禁區」的設立，造成目前許多地方，私家車可以停車，反而小巴不能上落客。

目前許多地方私家車可以停車，反而小巴不能上落客，十分諷刺。

點解要分紅VAN與綠VAN？

在公共交通政策中，有「鐵路為骨幹，巴士為輔助，小巴為次級輔助」的原則，但紅 VAN 在種種限制和問題之下，如何才能發揮其「次級輔助」的作用呢？

Chapter 4

迷一般的
紅 VAN 業

每位
9
蚊

直通車

4.1

業界內不成文的矩規

在外行人眼中，紅 VAN 是很「神秘」的一個圈子，行內有很多不成文的矩規，直至今天我還在摸索中。

由於紅 VAN 的行走路線缺乏監管，如此，如何決定誰可以入這個紅 VAN 站？誰可以營運這條紅 VAN 線？理論上，我只要有一輛紅 VAN，就可以駛進任何一個紅 VAN 站、走任何一條紅 VAN 線；但事實當然沒有這麼簡單。

假設當我辛辛苦苦把一條新的紅 VAN 線慢慢經營起來後，別人貿貿然來走這條路線，先不說影響了我的收入，假如那車長胡亂兜路或等客，反過來影響我這條線的服務質素，已是大大影響乘客的信心和觀感。

所以，一輛紅 VAN 若要參與某條路線的營運，便要向營運商申請加盟，亦即「入線」。「入線」的模式，可以是向營運商買或租一塊該路線的「車頭膠牌」，也可以是向車行租一輛設有該路線「車頭膠牌」的紅 VAN。而所謂的「營運商」，就是指開拓並持續在走這條路線的紅 VAN 司機領袖。

想在其他人已經營運的路線上做生意，就需要先「入線」；相對地，無限制可以隨便做生意的區域便稱為「公海」，基本上任何紅 VAN 都可以在那裏經營。

在紅 VAN 業界中，固然很多人會選擇「入線」；但由於入線後需要排隊出車，也有不少司機覺得等太久都開不了車，所以反過來轉跑「公海」。

何謂「公海」

紅 VAN 的「公海」地帶，一般共識有：一是荃灣到佐敦一帶（自小巴合法化開始，山頂及尖沙咀一帶就禁止紅 VAN 進入；因此，荃灣開出的紅 VAN 只能到佐敦，佐敦道以南就是紅 VAN 不能進入的禁區。），二是港島堅尼地城到筲箕灣一帶，除此之外都不是「公海」。在「公海」上，並沒有固定路線，車資收費亦沒有定額，是任何紅 VAN 都可以參與的。只要有人肯租車，就可以開在這些路線上，不會有任何人作出質疑。

港島的「公海」則沿着電車路，亦即自堅尼地城至筲箕灣為止；在港島北地區，紅 VAN 只能在電車路一帶跑，上山的路都是禁區。

其實「公海」的定義並沒有嚴格標準，可說是人人不同。例如太子道西至旺角一帶，理論上並不是「公海」。但由於那地區有十幾條紅 VAN 線都會經過，所以對那些路線的司機而言，當地也算是「公海」；但對荃灣的司機而言，那就不是「公海」了。說穿了，其實「公海」或「非公海」並不重要，最重要是行家願不願

意讓你在此營運。

因此，其實有一些地方理論上是「公海」，但因為長期一直只有一個營運商在跑這條線，久而久之，這條路在他眼中就不再是「公海」了。在這條理論上是「公海」的路線上，若你只是偶爾跑一轉，而且服務、價錢跟他們差不多，多半是沒問題的；但若你天天都走這路線，價錢也比他們便宜很多，他們大概就會告訴你「這裏不是公海」了。

所以，在這業界內與行家溝通是非常重要的。很多事情，只要你不影響別人的生計，問題通常不大。固然，你在沒有「入線」之下，當然不能在人家的紅VAN總站上客了，因為車站是有人在維持秩序的；但在離開總站之後，這路段上又是否可以載客呢？這問題在不同人眼中，便有不同看法了。所以，最重要就是行家之間要有充分溝通，如果大家相熟的話，一起營運也未嘗不可。

總而言之，「公海」與「非公海」不是法例訂定的，而是由行家之間談判出來的「共識」。由於是「共識」，亦即代表隨時可以被改變的。

紅 VAN 的車頭膠牌

上文提過，「入線」的膠牌可能是由司機持有，也可能是屬於特定車輛的，總之都要透過營運商取得。由司機持有的話，他租甚麼車都可以入線；而屬於特定車輛的，則不管是誰租車，都可以走這路線。

一輛紅 VAN 在「入線」並取得那塊車頭膠牌之後，才能正式營運那路線。這塊看似簡單的膠牌，並不是可以隨意自行製作的。在我們的業界內，這塊膠牌統一由麥錦生師傅製造，他就像是這行業的牌照管理者的角色。

凡車頭放上「紅藍字」白牌就是「公海」路線，其餘任何非白色牌，都是有營運商經營的指定路線。而牌上的紅字、藍字，一是表示終點站，一是表示中途站。

紅 VAN 的 車 頭 膠牌需透過營運商取得。

　　麥師傅對小巴膠牌的製作相當認真與嚴謹：前幾年有一齣關於紅 VAN 的香港電影，由於需要製作道具及佈景，便找了麥錦生師傅幫忙。然而麥師傅借劇組所製作的道具小巴膠牌，只可以造成差不多樣子，不能夠完全一樣，以避免日後出問題。正因麥師傅是很嚴謹的人，才能得到業界的尊重。

　　如果有人不經麥師傅，自行去造一塊膠牌，又是否可以呢？我只能説：這樣做的話，沒有人會知道有甚麼後果。

　　這行業的圈子其實很小。大家走一條線多年，路上突然出現一輛車牌陌生的紅VAN，其實會十分顯眼；而且被「入線」的行家看到後，就會立即警覺。我創業初期，收工後把紅VAN停泊的地區並不是「公海」，便引起區內行家警覺，立即在圈內群組中追查我車的背景！我得知後，立即告訴大家只是泊車，也承諾不會在該區載客，大家才放下疑慮。我深知必須自律，若我製造麻煩給別人的話，其實人家也會找我麻煩！

4.2 行業科技遲緩的原因

紅 VAN 是一個很傳統的行業，當初大多數的司機都是從個體戶做起，是開自己的車來經營的一盤小生意。相對地，綠 VAN 則是由十多位本來開同一路線的司機，在政府牽頭下，合組成公司，採用公司的模式來經營。於是，當紅 VAN 業界想作出一些改變時，就較綠 VAN 困難得多了。

———————————————————————————————————

　　紅 VAN 至今仍有很多司機屬個體戶，不少司機本身就是車主，其餘則為租車的司機，正因不少司機是租車的，這個月他們租這輛車，但下個月可能會轉租另一輛車，那麼安裝八達通便成了一件極度麻煩的事了！須知道車上的八達通機，是必須要由八達通公司人員安裝的。如此，每當我換租另一輛車，豈不是又要重新安裝一次，勞民傷財？

　　另一方面，若紅 VAN 要裝八達通的話，便必須整條線的車主都同意一起安裝才行；不然，這條線的紅VAN 之中有些裝有八達通機，有些沒有，乘客便會無所適從。始終在紅 VAN 業界內，有些路線只是有人在「維持秩序」，但彼此其實沒有從屬關係。而且安裝八達通後又要繳付每天的租機費用，因此很多司機便不願意安裝了。

　　一個群體人數愈多的話，要取得一致共識就愈困難。因此，一些受歡迎的紅 VAN 路線牽涉很多車主，而牽涉愈多車主的路線，就愈難取得共識，所以亦愈難安裝八達通機了。

　　也有一些紅 VAN 線，雖然在乘客眼中是「一條線」，但其實是由兩個甚至多個營運商分別經營的：可能一個在早更營運，而另一個則經營夜更；又或者同一路線兩個方向由兩個不同的營運商經營，而且營運商之間實際上沒有甚麼關係。如此，假設兩個營運商未能取得共識，早更安裝了八達通機，而夜更卻沒有安裝，對乘客而言便顯得很奇怪了。

靈活的紅 VAN，也有不「靈活」的地方

　　紅 VAN 的特色就是強調靈活性，所以有一些行家，他們專門從事所謂的「幫莊」：當哪一條路線缺車，需要找人支援時，他們就過來跑一趟，他們一天之內可能要走幾條不同的路線，每條線只走一或兩趟。如此，當某一條線都已經安裝八達通，這輛「幫莊」的車卻沒有八達通，對乘客而言豈非十分不便？

　　因為不同路線由不同營辦商營運，收到的金額需轉帳到不同營辦商的銀行戶口，因此不同路線需分別安裝各自的八達通機。確實，現在有些紅 VAN 已安裝了兩

部八達通機：可能一部是早更用，一部是晚更用的。然
而八達通機是固定在車上的，若「幫莊」支援 5 條紅
VAN 線，那麼他的車豈不是要同時安裝 5 部八達通機？
而且每一部機都要付租機的費用，每日只用一或兩次，
這又是否划算？這都讓事情變得更不可行。

　　正因紅 VAN 的「靈活性」，反而令安裝八達通一
事變成大問題；所以目前全港的紅 VAN，只有兩、三
成的車安裝了而已，很多熱門的紅 VAN 線都沒有裝。
除非是由同一間公司經營，統籌旗下車隊全線安裝八
達通，否則這件事一點都不容易辦；儘管有些紅 VAN
也有「公司 / 商會」，但那只是由幾十位司機合作成
立，旨在幫忙大家處理行政工作，又哪裏能夠來統籌這
件事？

　　此外，在實際操作中有很多相關的行政步驟，連我
這個碩士生也感到煩擾不堪，更何況是業界內的前線
司機？

　　正因為很多事情都有行政成本，當要大家先花錢的
話，就很容易有反對的聲音了。

　　其實八達通已經是 20 年前的科技了，但到現在
業界還沒談攏。在我心目中，還有 GPS 定位系統、紅
VAN 預約乘坐 APP 等等可改革的項目，但每一項都是
需要投資數十萬元成本的，可以想像大家一聽到這金

額，二話不説就會立即拒絕了。在紅 VAN 業界，正因沒有公共政策強制大家執行，而創新科技往往又需要前期的投資，所以很多事情都會寸步難行。

4.3

乘車優惠

為何我在前文那麼強調八達通機呢？關鍵在於，像是「交津」等，都是必須透過八達通來進行；若沒有八達通機的話，自然就不能參與計劃了。

公共交通費用補貼計劃

　　「公共交通費用補貼計劃」（簡稱「交津」）是為本港市民每月的公共交通開支提供津貼，若超出 400 元，政府會為實際公共交通開支提供三分之一的補貼，補貼金額以每月 400 元為上限。為了加入這計劃，我作了很多會計方面的工作。

長者及合資格殘疾人士公共交通票價優惠計劃

　　此前，紅 VAN 沒有被劃入「長者及合資格殘疾人士公共交通票價優惠計劃」（簡稱「兩元計劃」）之中。這計劃讓 65 歲或以上長者與一些殘疾人士，在搭車時用八達通支付車資，只須 2 元。不過政府已經宣佈，自 2022 年第一季起，紅 VAN 也可以加入上述計劃。

　　目前，凡 65 歲或以上人士乘搭綠 VAN 跟巴士，用八達通支付車資的話只須 2 元；其後，政府會根據記錄，向巴士和小巴公司補付餘下金額。要向政府申請「兩元

計劃」，需要做很多的行政手續。

　　香港面對人口老化的問題，是不變的事實。正因如此，紅 VAN 如果沒有加入「兩元計劃」的話，便會大大削弱競爭力。以我的車隊為例：跟我同一路線的巴士收費為 9.4 元，而我的紅 VAN 收費為 9 元。對一般乘客而言，乘搭巴士與紅 VAN 價錢只相差 4 毫，但對長者而言，卻是 2 元與 9 元的分別了，差距如此之大，他們自然都會選擇坐巴士。

　　沒有「兩元計劃」優惠，紅 VAN 難以吸引長者乘搭。假如長者和他們的家人一同等車，但可能因為長者沒有優惠而全家人選擇乘搭巴士了。

　　現時因紅 VAN 還沒被劃入「兩元計劃」中，導致載客量不斷萎縮：大部分退休人士都不會坐紅 VAN，乘客佔有率必然會下跌，期望情況會在 2022 年得到改善。

4.4

為甚麼紅VAN永遠都係同一個樣？

在紅 VAN 業界內，絕大多數小巴都是豐田型號的，少數會用三菱；除此之外，其餘都屬試驗品，數量少之又少。為何幾乎所有紅 VAN 都用相同廠牌的車款呢？原因就是：營運效率高。

如同廉航公司的經營模式：他們全公司基本上只用一款機種。在機種統一之下，公司便不必儲存不同機型的維修零件，而且所有機師都可以靈活調動；要知道每一款機種的機師，都需要經過特別培訓，不能隨意駕駛不同型號的飛機的。正因廉航公司把變化減至最低，所以他們的成本才能壓低。

車種相同能大幅縮減維修時間和成本

同一道理，業界多選用豐田的小巴，是因為車種相同，就可以令維修時間大幅縮短，而維修成本亦大大降低。

目前，修理小巴速度之快幾近不可思議：一般私家車如要更換電池，都要放在車房一、兩天才能完成；但小巴如要換電池，竟然可以在不必關引擎之下，短短15 分鐘就換好了！有一次，我開的那輛小巴冷氣壞了，送到車房維修時，師傅告訴我需要維修兩小時，我一聽便嫌太久了；但事後回想，如果私家車要維修冷氣系統

相同的車種可令維修時間和成本大幅減少。

的話，正常都要兩天才行啊！

　　為甚麼能這樣快速？因為大多數的小巴都是相同車種，車房天天都在處理，當聽到這款車出了甚麼問題，就能立即知道原因何在，不必逐一研究，可以立即對症下藥。

　　據我所知，巴士公司的運用比率為 90-93%，即每 100 輛巴士，約有 90-93 輛能正常運作。換個角度來說：同一輛車，每 100 天大約有 90-93 日能運作，即

有 7-10 日需要留在車廠進行大大小小的維修；小巴的話，我現時的 4 輛小巴，每營運 100 天，停下來維修的時間少於 4 天。

業界不敢輕易嘗試新型號小巴

雖説節省了維修時間和費用，但亦正因如此，紅 VAN 業界有很多現況難以改變。例如政府曾提出改用「電動小巴」，然而充電十分需時；換句話説營運效率會下降，所以就沒有人肯換車了。

其實這是「有雞先還是有蛋先」的問題：沒有人願意試用，就沒有數據支持其他型號小巴的可靠性；而沒有可靠性數據，業界自然不會選用該車廠的車。解決這個情況的方法，就是除非政府或新的小巴代理商，以優惠條件吸引業界試用，得出可靠數據才能打破現況，但這需要大量資源，談何容易呢？

由於不少紅 VAN 的車輛，都是從綠 VAN 淘汰而來的，整個行業都用這款車，所以若營運商和司機一同採用這款車，風險其實是最低的。

話説去年有一間綠 VAN 公司結業了。在結業前一年多，他們購入了一輛新款的「低地台小巴」，沒料到這輛新車被政府花了一年多的時間審批。這也是一個制度上的問題：如果是一直以來都通過審批的車款，基本

上就可以立即通過；但如果那車款是第一次申請，那就必須審批得極為仔細了。

　　正因如此，業界內都不敢輕易作出新嘗試。曾有某位汽車公司的推銷員找我，遊說我購買他們公司的小巴；然而我一看該公司的小巴車款資料，就立即知道不行了：因為當時法例規定，小巴限長 7 米。目前我們所用的豐田小巴，舊式 16 座款的長度只有 6.5 米，而新款 19 座為 6.99 米，引擎就在司機位旁，自司機位後便是第一排座位，這樣排下來，仍然很勉強才放得下 19 座。而他們公司的車，能放 19 座的車款長度已超出 7 米，至於長度 7 米以內的車款則放不下 19 座，所以根本不用考慮。

嘗試新車型對大多是個體戶的紅 VAN 司機而言，有很大風險。左：16 座；右：19 座。

89

個體戶須獨自承擔風險

由於紅 VAN 司機幾乎都是個體戶，所以很難有人願意從事創新研發的工作。對大公司而言，有較多資源可以作新嘗試，然而對個體戶而言，風險就變得很高了。

例如我的車隊只有 4 輛小巴，若其中一輛屬小眾車款，假設那輛車壞了，維修可能要等很久；而且更可能香港沒有足夠的備用零件，需要等原廠寄來，費時失時，大大影響了營運。

站在車主的角度，投資小巴的目的是為了出租之用，當大家都用同一款車時，我卻買了一輛小眾的車款，便很有可能租不出去了。試問誰還要買新車款呢？

棍波、手動摺門、石油氣小巴

現時業界內，最舊款的小巴為採用棍波兼手動摺門的「柴油小巴」。小巴本來就是用柴油的，但自千禧年後，因為環保的考量，政府鼓勵小巴及的士轉用石油氣，所以現時大部分小巴都改用石油氣車了。目前業界內大部分是棍波加手動摺門的「石油氣小巴」；至於用自動波的小巴，一律是柴油車，並沒有石油氣車的。

目前，我車隊採用了一輛豐田自動波小巴，在業界內其實已屬小眾車款了。我願意選用這一輛自動波兼電動趟門的柴油車，是因為我相信這車款切合未來

業界內大部分小巴為棍波，但我相信自動波車款會是未來的發展方向。左：自動波；右：棍波。

長遠發展的方向。

我的車隊目前共有 4 輛車：前 3 輛車都是「棍波、手動摺門、活動窗」的石油氣 19 座小巴，但我認為長遠而言必須改用「自動波、電動趟門、固定窗」的柴油車款，所以第四輛便改用這款車了。

業界多數為棍波車

傳統以來，小巴都是用棍波車，因此車主都會選擇買棍波車；新司機入行時都學駕駛棍波車，結果形成循環，越來越擺脫不了棍波車；所以，紅 VAN 業界是極少用自動波加電動趟門的車款。但我認為，若要解決人手短缺的問題，業界長遠發展必須改用自動波加電動趟門的車款。

疫情之前，其實業內很缺司機，如我們繼續堅持用棍波車，便會構成入行的門檻，從而影響業內的司機人數。

目前社會上，大多數車輛都已經是自動波車，已經沒多少 80 後司機願意開棍波車了，儘管棍波車是比較好操控，而自動波車的反應會比較慢，然而作為職業司機，在需要一整天開車的情況下，自動波車可以減輕手部的疲勞。當天天都要面對工作時，還是開自動波車輕鬆舒服。

　　另一方面，其實每年都有不少巴士司機退休，他們正是小巴行業可以吸納的對象，從而解決人手短缺的問題。然而巴士一律是自動波車，站在他們的角度來看，開了一輩子自動波的巴士，是不會願意現在才轉開棍波小巴的。若能轉用自動波車，日後我們便可以從巴士公司的退休員工中聘請司機，他們將是行業的龐大人力資源。

手動摺門與電動趟門

　　與此同時，「手動摺門」也是一大問題。雖然小巴門都會標示為「自動門」，但那只是對乘客而言，在司機的角度，其實主要分為機械手拉式的「手動摺門」與按鈕操作的「電動趟門」。

　　我的車隊曾有一位司機，表示因為手動摺門實在太重，一直重複拉門的動作，長久工作下造成手臂勞損，因此轉行改開巴士；在轉職成為巴士司機後，本來也說好會抽空回來兼職，結果他回來兼職了一天，就因為開棍波及拉手動摺門的原因，讓他手臂再度勞損，從此就不再回頭了。這件事讓我深深感受到，若再不作出改變，就只會損失更多的人力資源。

　　時代已轉變，未來這行業，我認為一定是要用電動趟門車型的。如今，所有校巴、村巴都已經用電動趟門

手動摺門，一直重複的拉門動作，長久會造成手臂勞損。

的車款，只有小巴還用手動摺門，實在顯得很落後。

話說回頭，當我在租了第四輛車，並嘗試駕駛這款電動趟門的小巴後，亦終於明白為何行家們都傾向選用手動摺門的小巴了。首先，就是怕關門時會夾到乘客：原來電動趟門並沒有防夾裝置的，所以我們在關車門時，需要一直按着按鈕直至關上為止。

其次，就是電動趟門車必須在車停好、拉好手掣之後，門才能進行開關，這是車輛的安全裝置，而且每次開關門都需要 3、4 秒時間；手動摺門則往往是在車還沒停定，就已經預先打開車門，能夠分秒必爭──對紅VAN 而言，由於司機多是個體戶，彼此其實是競爭關

係，所以若能比別人快兩秒打開車門，就能搶先接到乘客了；而電動趟門比手動摺門慢了足足幾秒，自然就會輸給別人了。

柴油與石油氣

另一方面，由於「自動波、電動趟門、固定窗」的車款必定是柴油車，而柴油比石油氣稍貴一點，因此也是行家不願採用的原因。但我覺得，其實用柴油車是比石油氣車更好的。

雖然柴油車燃料費比較高，但柴油小巴一天只需要入一次燃料，而石油氣小巴則需要早晚各入一次氣，比

電動趟門，車必須在車停定、拉好手掣之後，門才能進行開、關。

柴油小巴一天只
需要入一次燃料。

柴油小巴需要多入一次燃料,其實就是損失多開一轉的
時間。只不過目前由於紅 VAN 往往會分早、晚更兩位
司機,每更司機各自入一次氣,大家才沒甚麼感覺;而
且到車站反正也要排隊,也讓大家覺得有足夠時間可以
去入氣。

若將柴油小巴與石油氣小巴進一步比較,當上斜
時,柴油小巴會顯得有力得多。石油氣小巴在上斜時,
若在沒乘客的情況下能夠保持時速 70 公里,已經算是
表現很好了;至於柴油小巴,即使坐滿乘客,仍然能輕
輕鬆鬆就超過時速 70 公里了。所以部分行走比較多山
路的路線也會選用柴油小巴,而不是石油氣小巴。

此外,過去石油氣的確是比柴油便宜得多,但這情
況已經漸漸改變。由於燃料的價格一直上漲,車用石油
氣從 2020 年 5 月的每公升 2.35 元,至 2021 年 4 月已
經漲至每公升 3.96 元,升幅高達 68.5%。自從疫情爆

發之後，交通業得到政府的燃油補貼，然而對石油氣的補貼是每公升 1 元；因此當車用石油氣漲價後，已經把政府的 1 元補貼完全抵銷了。

相對的，柴油的加幅反而沒那麼大。儘管現在入柴油的話，每次會比入石油氣多花 50 元，但只要能多跑一轉，利潤亦不止 50 元了。而且政府對柴油的補助從一開始就是按三分之一的比例來計算，所以補助金額亦隨加幅而有所增長。燃料費對小巴的營運成本，其實真的影響很大。

雖然自動波小巴在紅 VAN 業界內，目前仍屬於小眾，但隨着豐田已經停產石油汽小巴，以後只推出柴油車款，日後車主再購入新車時，轉為自動波的機會亦可能會提高。

車用石油氣的價錢大幅上升。

4.6

共用的紅VAN設施

所有紅 VAN 的設施（主要為紅 VAN 站）皆為所有行家共用，沒有任何法例指定每個紅 VAN 站前往的目的地。沒有人管理的設施自然容易造成混亂，而慢慢就會有一些人來協助維護秩序。

如上文所述，法例上一輛紅 VAN 可以在任何一個紅 VAN 站等候乘客。旺區中的好地段由於乘客量多，自然每個司機都想在同一地點等候乘客上車，每位司機都想乘客先上自己的車。這就很容易發生爭執，司機們互相談不攏就自然動手了，最後就是「誰大誰惡誰正確」。另一方面，設施沒人管理的話，還有哪個司機會排隊？假如大家都在爭先上客的話，馬路很快便會亂成一團了。

旺區內可能有很多小巴站，如果沒有好好管理，分好每個站的目的地，隨個體戶自由發展，那麼可能同一個小巴站，今日的小巴前往觀塘，明天前往荃灣，後天前往銅鑼灣，乘客便會無所適從。

相反經過協商後，一個紅 VAN 站隨時可以兩條路線共用，服務不同目的地的乘客。

Chapter 5

紅 VAN 業已走向夕陽？

每位
9
蚊

直通車

紅VAN業已走向夕陽？

市場佔有率下跌

當我比較 2014 與 2019 年紅 VAN 在全港交通工具所佔的比例時，發現紅 VAN 的乘客量下跌了足足 15% 之多。在 5 年間下滑 15%，是十分嚴重的跌幅。

　　一直以來，紅 VAN 有兩大角色：其一是服務沒有鐵路的地區。

　　其二是提供中距離特快點對點服務。一、兩個上車點，坐滿乘客就直接上高速公路，無需像巴士一樣「站站停」。

　　但這兩個角色近年都要面對其他交通工具越來越大的競爭，再加上香港人搭車模式的改變，難道紅 VAN 業就好像行內的司機一樣，慢慢老化，步入夕陽？

牌價

　　公共小巴牌的牌價，最高峰時曾經與的士牌價並肩，高達 700 萬港幣以上。時至今日，小巴牌已經跌至不到 200 萬一個，連的士牌的一半也不到。

　　牌價的高低，建基於供求關係：當很多人都想租車時，牌價自然會升；到現在沒甚麼人租車時，牌價自然會下跌。由於近年需求者減少，所以小巴牌價下跌不少，這是車輛數量與勞動力比例的問題。

　　只有在市道好的情況下，牌價才能推高；而牌價的高低，亦會反映在車租之上。所以在我看來，小巴的生意既然曾經足以將牌價推至 700 萬以上的高峰，代表其利潤是足以支撐這個價位的；換句話説，當牌價下跌至不到 200 萬時，代表經營小巴生意的成本變低了，自然容易做到收支平衡，理應能讓利潤變得更大才對。因此，我認為牌價處於低位之際，正是值得思考如何發展之時。

5.2

面對其他交通工具的競爭

紅 VAN 乘客佔有率一直下跌，首要原因在於其他交通工具的競爭。在 2014 與 2019 年 5 年間，其中第一次令紅 VAN 的乘客佔有率出現大幅下滑的時間，就正值港鐵港島線西延的堅尼地城站啟用之後。

紅 VAN 的其中一個角色就是服務鐵路沒有覆蓋的地方。昔日紅 VAN 是出入堅尼地城、西營盤的主要交通工具，但港鐵延線至那裏後，大家幾乎都改搭港鐵，致使那一帶的紅 VAN 生意淡薄，難以維生，至今幾近絕跡。觀塘線的何文田站落成後，情況一如堅尼地城。沙中線剛於 2021 年 6 月尾開通，相信亦會令土瓜灣區紅 VAN 的生意大受影響。

當該地區出現鐵路之後，就會陷入惡性循環：由於鐵路站落成，大家改搭鐵路，紅 VAN 的乘客減少；當減少了乘客時，紅 VAN 無可避免地會減少班次；當班次減少後，乘客要等更長時間才有車，等不了的就會改搭其他交通工具，如此乘客便會再減少。到最後，這條路線因為已經賺不到錢，就沒有司機肯跑了。由此可見，對一條紅 VAN 線而言，鐵路的出現會帶來毀滅性的影響。

　　每當一條新鐵路開通時，政府都會跟巴士及專線小巴公司進行協調，但紅 VAN 不在此列。紅 VAN 不像巴士公司：在巴士公司管理之下，司機與車輛都由公司調度分配，隨時可以改在其他路線上行駛；但紅 VAN 司機幾乎都是個體戶，若要改開其他路線，由於新區是紅 VAN 進不了的，無法開發新路線；即使想「入線」，亦未必能如你所願。所以當長期賴以維生的路線不能經營下去，這條線的紅 VAN 往往很難另覓出路。

特快點對點的巴士路線

　　除了鐵路之外，近年巴士開辦了不少跨區特快路線（例如九巴的 33 線及 290 系列路線），搶了紅 VAN 觀塘至荃灣線的大量乘客。以往的巴士路線，途中停很多站，一般都比紅 VAN 車程長很多。但近年推出越來越多點到點的路線，往往直上高速公路，既便宜又快捷，而且班次密。如此，便逐步蠶食本屬紅 VAN 的市場，讓紅 VAN 的生存空間越來越小了。

5.3

香港人搭車模式的改變

自從巴士的 ETA 預佈到站系統面世後，讓香港人的習慣改變了。昔日，我們搭巴士就是去車站等車；現在，我們透過 APP，看準巴士到站的時間才出門。另一邊廂，乘搭紅 VAN 的，依舊不知道甚麼時候有車，或下一班車有沒有座位，因此當乘客透過 APP 看到巴士快到站時，就直接趕去巴士站，而不考慮紅 VAN 了。

以往還沒有預佈系統時，乘客就是在路上等車，看到甚麼車先到就上甚麼車：有巴士就坐巴士，有紅 VAN 就坐紅 VAN；乘客出現的時間其實是很平均的。但有了預佈系統之後，大家就變成集中在巴士到站前的時間才出現。如此，當紅 VAN 比巴士早很多到達時，乘客根本還未來到車站；而當巴士一到站，乘客全被巴士接走了，之後才到的紅 VAN 便載不到乘客。

過去因乘客不知道巴士甚麼時候才到站，為了節省時間，所以願意乘坐相對較貴的紅 VAN；如果巴士及紅 VAN 同時到站，他們多會選擇較便宜的巴士。但到了現在，乘客對資訊掌握的要求越來越高，而紅 VAN 卻沒法提供足夠的資訊，導致願意乘搭紅 VAN 的人越來越少。

具體的路線才能吸引乘客

另一方面，香港人對「步行」這件事似乎越來越抗拒。舉例紅 VAN 昔日寫「到旺角」，儘管乘客不知道實際是去旺角哪個地方，但總覺得能到附近一帶，之後走過去就行了。但現在的香港人大多不想日曬雨淋，加上巴士可以清楚知道上落車站的具體位置，而紅 VAN 則既不知道路線、又不知道下車位置，所以漸漸變得不願坐紅 VAN。

因此，我的車隊不但要標明「從荃灣到荔枝角」，而且必須強調「特快」及「不經葵芳、葵興、大連排道」，才能吸引乘客上車。

5.4

司機老化

司機老化的問題，在綠 VAN 業界十分嚴重，紅 VAN 業內相對好一點，但年輕司機仍然不算多。始終小巴業吸引不了年輕人入行。

在現今社會，對於年輕人從事任何車輛的司機工作，家長普遍都不會太喜歡；即使年輕人願當司機，他也可以選擇巴士、旅遊巴或是貨 VAN，不一定要駕駛小巴。

如前文所述，綠 VAN 司機的收入不足夠生活，相對而言，許多年老的司機本身就是退休人士，來開車的目的只為找點事情做，順便賺點零用錢。正因如此，這一行很難留下年輕的司機，他們都另覓出路，例如行當巴士司機了。

另一方面，年輕人往往不太懂得如何駕駛棍波車，因此從入行的第一步，就把年輕人推向其他選擇，所以多年輕人若想當司機，幾乎都選擇做貨 VAN 司機。尤其貨 VAN 目前已進入網路時代，主要透過手機 APP 來接工作，這正是年輕人所習慣的模式，加速讓年輕人向貨 VAN 行業傾斜。

5.5

「我要做大個餅！」

我投身紅 VAN 事業的目的，就是希望能協助業界，從其他交通工具手上，爭取回乘客的支持。

目前全港小巴的總數限 4,350 輛，當中紅 VAN 約 900 輛，剩下的全部都是綠 VAN。九巴約有 4,000 多輛車，再加上新巴、城巴約共 6,000 多輛。這是多麼大的市場？為甚麼我們不跟巴士競爭，而只在小巴業界內你爭我奪？還有地鐵的市場佔有率比巴士更高。我們理當要向外競爭才對啊！

除了巴士和地鐵，我們可以把的士的乘客吸引到紅 VAN 來嗎？如果我們有 APP 讓乘客電召小巴來提供點對點服務，説不定也會有乘客改坐紅 VAN。（後文會講述我重點提供的包車服務。）

現時有一些人結婚也會租用紅色小巴當「兄弟姊妹」車，或租用我們的小巴去郊遊等，都是嘗試「做大個餅」！

行家的反應

然而很多行家聽到我的想法後，會覺得行不通。在他們的心目中，現在的經營模式在過去已經操作了 50 年，一直都沒有問題，證明是行之有效；相反，我的新方法目前還沒有得到任何證明，如何能

夠保證有助提升乘客量？因此，大家對我仍然抱着觀望態度。

儘管如此，我仍然是樂觀的。我只需要把自己的車隊做好，把正面的因素帶進業界，例如嘗試利用手機APP 平台，讓乘客知道乘坐紅 VAN，步行距離可以比巴士更短等等，便有機會從其他交通工具手上奪回一些乘客，乃至讓小巴牌價有機會再度回升。

我期盼自己能以「爛頭卒」的角色，為業界示範新的營運模式，並利用科技改善紅 VAN 的服務，讓港人對紅 VAN 改觀，讓更多人願意乘坐。我的做法在一些行家眼裏，無疑是在「橫衝直撞」。

然而我能經營至今，反映出他們其實默許了我的橫衝直撞，在觀望我的成果。

因此，只要在不影響大家的現有利益之下，他們不但願意給我嘗試的機會，甚至會願意伸出援手。如果大家能同心協力，要讓紅 VAN 事業從「夕陽」繞一圈而重回「旭日」，其實並不是不可能的事情！

第三部

活化紅VAN

公司哲學

每位
9
蚊

直通車

6.1

安全永遠第一

作為公共交通工具，如果不安全的話，其實甚麼都不必說了。然而紅 VAN 卻一直被大眾視為「亡命小巴」。因此，我的紅 VAN 事業第一步就是「去亡命化」：把「亡命」二字去除掉，取而代之是「快捷的優質小巴」，並首先把安全放在第一位。

　　安全的第一步，就是別等車輛出問題後才處理，所以我旗下的每輛紅 VAN，都會定期進行檢查。如有零件需要替換，很多車主會為了節省維修成本，幾乎會等零件真的壞掉、車輛無法順利運作時才換；但我們不會，只要該換就立即替換。像是輪胎，很多司機都會等快要爆胎才換，而我是決不會冒此風險的。

　　其次，就是對司機的篩選。選擇司機是安全因素的一大重點，在控制車輛的安全系數，其實「人」的因素往往大於「機件」的因素。例如在駕駛中，司機有否採用「防衛式駕駛」呢？須知馬路上到處都存在所謂的「馬路炸彈」，當中尤以「假日司機」為典型。另外，停在大車（例如巴士、貨櫃車之類）之後的話，一定盡量預留較多安全距離，並必須拉好手掣，因為我們永遠不會知道甚麼時候會有「馬路炸彈」從後撞上——由於小巴並沒有「車頭」，萬一因後車撞上而令自己撞上前面的大車，司機定必凶多吉少。而與大車並排而行，其

實也是很危險的一件事。大車有很多盲點，轉彎時會佔用旁邊的行車線。為了減少風險，我們最好是超前或是讓後。

懂得防範「馬路炸彈」

所謂「大師傅」，就是即使遇上「馬路炸彈」，也能及早察覺對方的異樣，並能趨吉避凶，而不只是發生意外後理直氣壯責怪對方。

往來固定路線的紅 VAN 司機，是最熟悉路況的人。

公司哲學

　　因為我們有固定的路線，理當是最熟悉當區路況的人。例如我們會知道某一地點在放學時段，會有很多小學生亂過馬路。又例如有一段路本來是雙白線，理應沒有車會切線。但事實上，那個位置往往有很多「唔熟路」的「假日司機」強行切線。假如我們抱着雙白線一定無車切線的心態來開這段路，便會很容易發生交通意外。

　　發生意外後即使錯在對方，也會令自己有一段時間不能營運而造成損失。然而很多司機總覺得自己沒有錯就感到理直氣壯，結果花幾小時錄口供，甚至還要上庭，不但費時失事，而且影響收入。

　　我們要掌握不同時間的不同情況，對路上「馬路炸彈」出沒之處瞭如指掌，留意附近是否有異樣，例如鄰線的司機會不會「瞌眼瞓」而左搖右擺，又或者在違泊車輛之間會不會有行人衝出馬路。

　　所謂「害人之心不可有，防人之心不可無」，意外一旦發生，吃虧的永遠是自己。唯有安全駕駛，能避過一切交通意外，才稱得上是「大師傅」。

6.2

快捷但不亡命

曾有外國傳媒以 "flying car to death" 來形容紅VAN，而香港人慣用的詞彙就是「亡命小巴」，兩者同樣暗示了紅 VAN 行車極為快速，因此大大增加發生意外的機會率，從而危及乘客生命。

其實，紅 VAN 會讓乘客有「亡命感」，並不是因為車速的關係。當你乘坐的私家車車速達每小時 80 公里時，並不會有「亡命」的感覺，而同樣速度下乘坐紅 VAN 卻有「亡命感」，到底問題出在哪裏呢？

亡命的錯覺

其實大家會有「亡命感」，與乘車時的舒適度有很大關係。例如車輛的避震狀況不佳，導致行車十分顛簸；開車時大腳踩油，導致起步時有「推背」感；停車時大腳剎停，導致急停下有「前仆」感，凡此種種，都讓乘客產行車跑得很快而且行車不大穩定的錯覺。

另外，在「轉波」（變速）的控制上，如果轉數高，引擎的聲音會很嘈吵，乘客也會以為車速很

快。其實如果司機早一點轉上較高的波段,引擎的聲音會比較小,乘客就不會覺得自己正在「亡命」了。

慢慢開車,不必緊張

另一方面,部分紅 VAN 司機就是要爭分奪秒;即使他們在路上看到明明快將轉成紅燈,仍喜歡加速,希

就算是與私家車差不多的時速,紅 VAN 也給人「亡命」的感覺。

望有機會「衝燈」，但發覺不行時，到路口才大力剎車，乘客們當然會前俯後仰了。

　　香港的交通燈系統設計，預設了當車輛按標準速度前進，到達下一個燈口時，交通燈會隨之而轉，所以，心急加速的話沒有多大意義，因為前面的紅燈還未轉綠色。另一方面，如果司機能慢慢開車，心態上也不會太緊張，行車亦自然更安全。

坐得紅 VAN 個個都想快

　　安全永遠第一，但不代表行車要「慢」；既快又安全才是目標，就好像飛機或子彈火車一樣。

　　要迅速到達目的地，一般會以為只要踩油門加速便可，但其實更重要是懂得「走線」。同樣是在荃灣路上，三條行車線總有快有慢，我們作為最熟悉該段路面的人，自然懂得選擇最快的行車線，這當中牽涉個人經驗和團隊合作。舉例，有同事見到快線有「壞車」，我們就會指示後來的車盡量走慢線。另外，繁忙時間塞車，開紅 VAN 少不免合法地走到車龍前「插隊」。簡而言之，紅 VAN 完全不需要「亡命」，也能夠專業快捷地將乘客送往目的地。

　　「跟隊排嗰架叫巴士，跟隊排的紅 VAN 才是異類呢！」我跟旗下的司機說。

6.3

創新但不急進

目前為止，紅 VAN 仍然是很傳統的行業，因此我覺得可以引進一些新科技，從而提升服務效率。

「創新」是我的創業宗旨，因此我一直逐點逐點地作出嘗試。「創新」是不能急進的，因為太急的話，將會在犯錯後找不到原因所在。由於我是讀理科出身的，明白在開發的過程中，若一下子進展太多，事後出了問題，便很難找出問題的根源；相反，我每次只做一點，一旦出了問題，便知道問題肯定就在那個地方上。

尤其是我從事的紅 VAN 事業，更是不能操之過急。始終目前很多行家，仍然採用很傳統的手法在經營，我翻天覆地地改變的話，很容易會引起行家反感。相反，若我一步一步做的話，行家們也可以漸漸適應，便有可能與我一同邁進。

車上充電服務

我的「創新」點子，其中最重要的就是借助科技的力量，簡言之，包括利用即時通訊軟件、社交媒體、電子貨幣系統等，都是紅 VAN 革新的方法。（上述具體的改革，會在第七章詳述）在這裏，可以先舉一個例子說明，就是提供車上充電服務。採用車上的流動充電器租用服務後，乘客在車上使用的話，一小時內不會收費；

但如果需帶離車外的話，便需要付租金了。

　　這項流動充電器租用服務，雖然未必能大大提升營業額，但有助乘客提升乘車體驗，有助我們建立形象。這服務在 2021 年 1 月已在各車上安裝好了，但我卻一直延至 4 月才開放使用，原因在於「免費讓車上乘客使用」這一點遲遲未能落實。我認為一是不做，要做就要做到最好。事情還沒完成，寧可不讓大家知道。所以，如上文所述，改進是不能急的。

我們公司的車上提供電話充電服務。

6.4

高性價比的交通選擇

在我創業之初，由於乘客不多，所以都很珍惜上我車的人；那程車即使只有一、兩位乘客，我也會照樣準時開車，而且還能送他到公司樓下。現在公司上了軌道，當然不能這樣做了，但卻引申出一項服務，就是「專車服務」。

我們可以根據乘客的需要，加開特別班次，專門接載特定的乘客。

目前，我的車隊已經設有一班與速遞公司合作的專車。出現這班專車的原因，是我們發現每天下午 2 時，總會有一群速遞員乘搭我們的紅 VAN。之後我們進一步了解，原來這群速遞員在午飯後，便會一起外出進行派遞工作。有見及此，我主動與該速遞公司聯絡，研究是否有合作的機會；自此便安排一輛專車，到其公司樓下接載他們的同事外出工作，於是我們既可以穩定地有乘客，速遞員又不用拉着一架架手推車由公司走到大馬路，達成雙贏的合作方案。

在這種模式下，其實還可以發展成接載家長到學校接送小朋友的專車、接載上班族上下班的專車、接載病人家屬去醫院探病的專車等等，可說是商機無限。

我的車隊已經設
有一班與快遞公
司合作的專車。

另類邨巴

　　另外，紅 VAN 其實也可提供類似「邨巴」的屋苑
接駁巴士服務。近十年來，運輸署對「邨巴」的審批很
嚴格，不再像昔日般容易批出。以往「邨巴」終點站多
是觀塘、荃灣和灣仔等地區。時至今日，政府只會批准
「邨巴」由屋苑前往附近港鐵站。相對而言，紅 VAN
開辦路線的監管較寬鬆，可以十分靈活，按需求提供
服務。

6.5

讓社會多一點人情味

儘管現在已有多位司機加入我的公司,但我偶爾仍會親自開車的,如是,我都會主動跟乘客打招呼,這一點,我亦會要求旗下的司機遵從。我會如此要求,是因為都市人在乘搭交通工具時,都已經習慣了冷漠:乘客上車、下車,司機開車、停車,彼此沒有任何交流。我希望司機能與乘客打破隔膜:我不僅只視之為乘客,更應待之如朋友。只要能視乘客為朋友,很多事情自然會為乘客多想一點、多做一點。

例如在下雨天時,乘客下車就急着開傘,將會十分狼狽,我們便盡量在天橋底停車,方便乘客下車後能從容一點。曾有一位同事開車很顛簸,我便提醒他:「你試想想,如果你的老婆、女兒以至朋友就坐在車上,你會如此開車嗎?」聽到這番話後,他自此就改善了。將心比己,待人處事的方式會大大不同。

正因我日常待乘客如朋友,反過來乘客對我們也會特別包容。有一次,我開車時不小心「飛站」,急忙道歉;因乘客與我已有交情,所以亦不在意。若換成一般情況,乘客在「飛站」的一刻,大概立即破口大罵了。

其實小巴司機在工作期間是很孤單無助的。早前有一宗新聞,說某輛巴士上有婆婆跌倒,車上三位乘客立即扶助,但司機卻沒有離開座位,這情況被其他乘客錄

影下來，並在網絡公審司機「無動於衷」；但作為司機，有其職責所在，既然當時已經有其他乘客伸出援手了，司機是否適合離開駕駛席呢？我相信如果彼此更多信任和包容，司機與乘客之間存在友誼的話，很多事情其實可以處理得更暢順的。

司機與乘客之間存在友誼的話，不少事情可以處理得很簡單。

人性化的服務

由於紅 VAN 沒有固定路線、班次、收費的限制，所以往往能提供更多人性化的服務。例如我們的頭班車，都會特別繞入明愛醫院一趟，為甚麼呢？就是這一班的乘客當中，很多都是要去醫院上班的，與其讓大家要再走一段路，我何不多繞一點路來方便大家？

在放學時間，我也會安排兩班特別車，繞道至該區的校門前接載乘客。這是「按乘客需求提供服務」的概念，這些都是人性化的表現。

更進一步的話，我希望能做到像飛機一般，上機、下機時空中小姐都會向乘客致上謝意。我希望能引入這種優質服務，讓乘客有更愉快的乘車體驗。

6.6

提倡禮讓的駕駛文化

路上不時有司機表現得很心急煩躁，甚至可以為了一個車位而出手打人。與此相反，我要提倡禮讓的駕駛文化。大家都是馬路的使用者，常常在同一條路上相遇，顧己及人，互諒互讓，大家工作時也會順利一些。

　　由於我曾兼職過巴士司機，所以知道巴士司機一向視「紅頂」（即紅VAN）和的士為麻煩製造者：因為這兩類車，永遠不知道何時要停車、何時才開車。正因如此，現在我會要求旗下車隊的司機，盡可能讓路給巴士先行。由於巴士有固定的上落客站，而紅VAN則沒有，所以我們可以主動遷就巴士，好讓大家能同時到站上落客。例如我停在巴士站，會故意往前駛開一點，留位置給巴士上落客，否則巴士只能等我們駛走才能靠站，浪費了巴士和乘客的時間。又例如見到前方的巴士準備離開巴士站，我都會放慢車速，讓巴士先離開。

　　正因我的車隊一直禮讓巴士，時至今日，我們與同路段的巴士司機大多保持良好關係。以至，有時巴士司機也會給予我們方便，讓我們先走。互諒互讓，彼此就不會互相擠在路中心了！

　　還有，坊間的習慣，讓車時會向對方「閃高燈」；但我告訴旗下的司機，應該打「死火燈」才對；因為打「高燈」也可能是警告對方不要動的意思，或會造成不必要的誤會；而打「死火燈」，對方就能確定我不會前進，用意清晰得多。

　　「退一步，海闊天空」，放諸交通上，也是至理名言。

6.7 舒適的旅程

我認為理想的駕駛模式，就是要能把「手波車」開得像「自動波車」，如此乘客便會坐得更舒服。所以我對駕駛技術的要求，就是要像開校巴一樣：當滿車都是小朋友時，你決不能大腳踩油、大腳急剎，因為這很可能會讓小朋友受傷；更甚者，我們要像接載老闆的私家車司機，若你開車讓老闆感到不舒服，明天便不用上班了！

我對旗下的司機有一套「腳法」的要求，不能接納的話，就不要留在我們車隊了。我明白司機的習慣並不是一下子就能改變，但我更清楚，若乘客坐車時一旦感覺不對，很快就會向我投訴了。之前曾有一位新司機初投入服務，我亦陪伴在旁，而那程車的其中一位乘客在下車後，很快就用手機發訊息向我反映，說這位司機的車開得太顛簸了。

我會要求旗下的司機，在開車過程中要以「乘客閉上眼、揞住耳的情況下，感覺不到你何時踏油門，也不知道你何時煞車或切線」為目標。如果做到如此水平，乘客便能在車上小睡一會！這是多麼美妙的體驗！

公司哲學

我對旗下的司機有一套「腳法」的要求，務求令乘客能在一程車中舒服休息。

巴士司機轉職成為紅 VAN 司機

另一方面，可能因為我曾接受巴士公司的訓練，我對於巴士司機來開紅 VAN 是很有信心的，因為巴士有「企位」（站立的位置），總不能太顛簸（站立的乘客跌倒就麻煩了）。

在考得巴士的駕駛執照後，代表他也能駕駛小巴，所以巴士司機要轉職成為紅 VAN 司機，只需到運輸署指定的駕駛學校，去上為期兩天的職前課程，加強安全

意識即可。這職前課程屬定期舉辦，並不是經常開課，所以往往要預留一個月的準備時間。

　　去年疫情爆發初期，由於很多人在家工作，交通需求量大幅減少，導致巴士公司也暫停了兼職司機排更。我深知那些兼職巴士司機的苦況：雖然他們是「兼職巴士司機」，但其實很多人都是每星期上 5 至 6 天班。在疫情爆發後，巴士公司立即暫停了全部兼職司機的工作，我也立即作出招募，邀請他們來開紅 VAN。

6.8

敵人多一個都多，朋友少一個都少

我加入紅 VAN 行業的目的，並不是想搶行家的飯碗。事實上，在公共交通運輸業上，小巴的市場佔有率很小，全港小巴總數限 4,350 輛，當中紅 VAN 只有 900 輛；相對而言，巴士有 6,000 多輛。若再乘以彼此的載客量差距，紅 VAN 所佔的份額是何等微弱？在這背景下，我何必與同行相爭？但過去紅 VAN 業界就是很多互爭和內耗，所以才走向沒落。

香港人的出門習慣，約 50% 選擇乘搭港鐵，35% 選擇巴士，剩下便是其他交通工具，可見紅 VAN 所佔的市場根本微不足道。正因如此，我們更該團結一致。

我認為小巴業界要做大做強，首要的就是齊心。的士業界與小巴業界本身性質相近，但業界內卻比小巴齊心很多。正因如此，最近 5、6 年在禁區新增「的士上落客除外」的交通標誌，正是的士業界齊心爭取而得來的。小巴業界正好相反，尤其紅 VAN 內互相爭奪成風，一些行家為求多搶一、兩位乘客，故意在一些路段停車甚久，從而造成交通問題。正因紅 VAN 造成太多交通問題，導致政府不得不特別立法，以限制紅 VAN 的營業區域。

　　由於小巴業界內的司機，很多收入本身已經不高，
在此格局下還互搶飯碗，只會是雪上加霜。相反和氣才
能生財，理應「有錢齊齊搵」，而不是你爭我奪。

6.9

我們的公司名稱「AN Bus」，其實源自德文「Auf Nachfrage Bus」，譯成英文是 On Demand Bus，即「按需求提供服務的巴士」。這種營運模式，理論上如同目前用手機 APP 預約的應召客車，有乘客提出需要，車輛就前來提供服務。

　　事實上，有很多地方並不是經常有交通需求的，但在特定月份，需求卻會變得極大。如清明節，我們可提供紅 VAN 的預約服務，一程車繞道幾個點，接載數個家庭一起上山拜祭，然後在指定時間再接載回程。這樣的營運模式，就是我提出的「按需求提供服務」。

　　我選用德文命名的原因，首先因為我喜愛德國文化，而且也懂德文。其次，巴士的英文正常是「A Bus」，Bus 前的不定冠詞用 A 而不會用 An。如此，在英文看來似是文法錯誤的「AN Bus」，會較容易讓大家記住了。

AN Bus，其實源自德文「Auf Nachfrage Bus」，譯成英文是 On Demand Bus，即「按需求提供服務的巴士」。

有危才有機

自從創業之後，接連面對很多危機。但我深信「危」並不是世界末日，當中是有「機」的。

例如社會運動期間，由於其他交通工具服務的不穩定，反而成為紅VAN的機會；而疫情的爆發，巴士公司裁減大量兼職車長，我亦得以大幅吸納一批可靠的司機。正因如此，在各種逆境之下，我的車隊卻增加車輛以及服務時間。

「有危，便有機」，看事情不能只看一面，固然，在此之前我們不會知道結果如何，但最重要的問題在於：我當下敢不敢作出突破。所以我的逆市擴張，亦始自2020年2月的疫情之初。

逆市擴張

一開始我其實只有上下班的繁忙時間才有提供服務。然而當時社會上越來越多人失業，越來越多人沒有工作，我想：在我不開車的時候，車就閒置在那裏，那我何不把車讓給有需要的人來開，讓他們有機會多賺一點？因此，我的紅VAN便在逆市中漸漸擴張了。從本來只開上、下班時間，發展至開始平日全天候走，繼而週六、日也提供服務。

公司哲學

在疫情之前，在各公共交通工具的業界中，其實都面臨人手嚴重不足的問題。但在疫情時，運輸業就出現人手過剩現象。如果當人手充足時不擴張，之後就可能沒有機會了。

Chapter 7

創新

7.1 八達通和 PayMe

八達通在香港已流通 20 年，其方便程度令不少乘客在乘坐交通工具時，根本不會去注意車費。然而時至今日，還有一半以上的紅 VAN 不設八達通，只收取現金，因此變得較難吸引乘客選擇乘搭。

在我創業之初，立即就在車上安裝「八達通機」作收費之用了。因為我很清楚，九成香港人都是使用八達通搭車，而且亦有不少人不太喜歡以硬幣找續。

不少乘客上車時，根本不記得車費是多少，只知道入閘或上車拍卡。因此，只要紅 VAN 能提供這種「拍卡」的付款模式，就可減少因車資差異所造成的影響。

此外，政府提供的「公共交通費用補貼計劃」（簡稱「交津」）、「長者及合資格殘疾人士公共交通票價優惠計劃」（簡稱「兩元計劃」）等等，都是一定要透過八達通來進行的，所以若沒有八達通機的話，自然就不能參與計劃了。

安裝八達通機之後，我亦建議所有紅 Van 同業安裝。因為如果收現金，每位乘客找續最快都要兩、三秒（還未計收到 50 ／ 100 ／ 500 紙幣），16 ／ 19 位乘客就代表要一分多鐘（除非站頭上車等客時就收取車費）。相反，使用八達通就能節省很多時間。

PayMe 付款模式，方便包車乘客

透過 PayMe 付款的方式，目前遠遠不及八達通般普及，因為政府提供的交通津貼「交津」及「兩元」都只有八達通付費才有。

只有安裝八達通機，才能參與「公共交通費用補貼計劃」（交津）及「長者及合資格殘疾人士公共交通票價優惠計劃」（兩元計劃）。

創新

目前我引進 PayMe 付款模式，主要是針對包車乘客。目前向我們包車的乘客，佔了八成都用 PayMe 付款：當我們透過 WhatsApp 或 Facebook 談好包車安排後，對方便可以即時透過 PayMe 下一半訂金作實；如果很傳統地，要求對方第二天要到銀行轉賬至戶口，而對方一旦忘記了入數的話，這訂單就很容易流失了。

使用 PayMe 之下，與客戶談好價錢後，一分鐘內便能支付訂金，從而確認這張訂單。始終要人買東西，快捷方便才更吸引，所以打鐵一定要趁熱。

有關八達通的小知識

八達通是一款非接觸式儲值卡，不需要連接網絡亦可以進行交易，因此交易時間平均只需約 0.3 秒。相比近年新的電子錢包，其交易速度仍快很多。因為近年的電子貨幣需連接網絡才能進行交通，交易速度受網絡傳輸影響，約需 0.5 至 1 秒以上。

大家不要輕視這半秒時間，如果你去商店購物的話，可能影響不大，但 10 個人一起上車時，時間就會差很多很多，甚至如果有人的網絡連接出問題，所需的時間也會更長。

7.2

Facebook

時至 2021 年 6 月 23 日，我公司的 Facebook 專頁共有 6,592 個讚好，7,185 個追蹤者，我覺得成績算是不錯的。

在此之前，我對社交媒體的營運並沒有經驗。自從替公司開了 Facebook 專頁之後，我在操作的過程中漸漸發現了一些方法。

我認為，我 Facebook 專頁上的每一個讚好，背後都是有血有汗的。目前，我專頁上的每一則帖文，都是親自寫的。有時我會一星期發兩次帖文，但理想是一星期一次。因為我發現很多帖文並不是立即出現效果的，而是需要經過發酵。

在我過往的眾多帖文中，最受矚目的都是一些具「創新性」的帖文，其中一次是出「＃包架紅 VAN 去 Wedding」的帖文有超過 15 萬人瀏覽，並有 139 次分享。以往，大家包車就只想到租旅遊巴，沒想過原來紅 VAN 也是可以包車和做花車 / 兄弟姐妹車的。

在社交媒體上發帖，內容能永遠留存在網路之中，大家只要有心爬文，就一定可以找得到，這比

在站頭上貼宣傳單張的效果更持久。始終在這年代，大家玩手機的時間佔了日常的一大部分。

　　儘管近年 Facebook 開始有沒落的趨勢，讓我也生起轉到 MeWe 平台的念頭。然而要踏出這一步時，我卻怕自己應付不了。雖然好像只是多做一步「複製、貼上」的動作，但實際操作時，往往就是同步不了。我覺得，還是留待日後公司更壯大，再安排專人負責吧！

我們的 Facebook 專頁目前算是有不錯的流量。

7.3

WhatsApp 預約留位

一直以來，有些紅 VAN 線都會接受電話留位，因為紅 VAN 的經營模式，多數是在總站等客滿才開；所以你若想在中途站上車，便要先打電話留位，好讓該班車提早開出。而我則創先河，開始經利用 WhatsApp 接受乘客留位，並在車內的宣傳品上都標示出這個「留座 WhatsApp 熱線」。

我們採用 WhatsApp 預約的做法，其實是誤打誤撞而來的。當初我一開業時，由於生意很差，所以對僅有的乘客都很珍惜，並逐一邀請他們透過 WhatsApp 找我坐車。而這一種做法，慢慢演變成現時的 WhatsApp 預約。

因為我在開車期間，其實是不方便聽電話的；相對地，WhatsApp 可以讓我在燈位停車時才看訊息。與此同時，WhatsApp 對乘客也有一大好處：有些人總會怕打電話給陌生號碼，但用 WhatsApp 傳訊息會容易得多。對我而言，WhatsApp 因有文字留底，車到站後若見不到預約的乘客，就可以立即翻記錄找回訊息，直接跟乘客聯絡，比電話方便多。正因如此，便漸漸發展出這一套 WhatsApp 預約的模式。

基本上，WhatsApp 是目前最多年齡層都在

創新

使用的平台；儘管也有一些年長者不用 WhatsApp，亦有一些年輕人只用 Signal 等平台，但目前還未夠 WhatsApp 普及。與此同時，我也會擔心忘了乘客在哪個平台預約，若同時在不同平台進行，我便要逐一尋找，十分費時。

我們雖然同時用 WhatsApp 及 Facebook 與乘客溝通，但也一律要用 WhatsApp 預約，避免出錯。

恤 21% 20:35

Q AN BUS - 荃...   ...

Services   **Reviews**   Offers   Ph

recommends
AN BUS - 荃灣西至荔枝角紅Van.
13 Nov 2019 ·

今日交通混亂都仍然提供服務，仲無坐地起價，良心...

👍 You and 1 other   1 Comment

👍 Like   💬 Comment   ➦ Share

recommends AN BUS - 荃灣西
至荔枝角紅Van.
8 Nov 2019 ·

司機有禮貌！駕駛態度超級好！車費合理！付款方式又與時並進！

CMHK   恤 21% 20:35

←   Q AN BUS - 荃...   ...

Services   **Reviews**   Offers   Ph

recommends AN BUS - 荃灣西
至荔枝角紅Van.
1 Dec 2019 ·

配合時間，方便快捷及舒適！

👍 1   1 Comment

👍 Like   💬 Comment   ➦ Share

recommends
AN BUS - 荃灣西至荔枝角紅Van.
29 Nov 2019 ·

我特登用WA訂位 好快覆 我唔知邊個位上車 仲有相睇上到車 司機確定上齊客才...

👍 You and 1 other   1 Comment

人性化留位模式

操作上，假設有一位乘客透過 WhatsApp 預約了上午 7:30 的班車，若時間到了還看不到我的車，他們便可主動聯絡我；相反，若乘客遲到了，我準時開走會發訊息給他，好讓他知道車已離開，不會無了期地等。當然，遇到預約乘客遲到的情況，若我準時到站並聯絡上對方的話，最多可以等兩分鐘；如果我車到站時本身已經遲到，便不能再等了。

也有時候，有些乘客提早告知會遲到，我便會回覆最遲離站的時間，看他能否趕得上。在這種通訊模式之下，讓他有機會追上車；若在昔日，他便只能送車尾了。此外，若路上有交通意外而大塞車，我會立即透過 WhatsApp 通知大家，有些人會立即選擇改搭港鐵，也有些人願意改搭下班車，如此我便把兩班車的預約乘客，重組成一班車來接載。這種人性化的模式，在港鐵、巴士是肯定不可能做到的，唯有紅 VAN 能夠如此跟乘客保持聯絡，彼此雙贏。

極端天氣下的特別安排

透過 WhatsApp，在颱風襲港時，我可在懸掛「8號風球」之前，通知受影響的乘客；亦可以在「8號風球」宣佈除下後，立即接受預約。在過往的時代，乘客與司

機往往是站在對立面的;而我很想改善這種格局:我希望能讓司機與乘客有密切的關係。正因如此,我將心比己,視他們為朋友來服務;相對地,他們也當我是朋友,會為我的服務提出建議,甚至支持我修改發車時間表。

在「8 號風球」襲港時,透過 WhatsApp 更新服務情況。

7.4

定點定班

紅 VAN 的傳統，就是在總站等客滿才開車，乘客坐在車上等開車，其實心情是很忐忑的。現時，我旗下的紅 VAN 採用定時發車的模式，再配合 WhatsApp 的預約留位，更讓乘客都感到安心。尤其疫情期間，很多乘客都在家工作，傳統紅 VAN 往往要等上比正常更長時間才能滿座開車。這種不確定性令乘客轉搭更能掌握時間的交通工具，令原本已經大受疫情影響的客運量更加雪上加霜。

事實上，營業車輛要開在路上才有盈利，長時間在總站等客只會費時失事。一架又一架紅 VAN 在站頭等待前車開出再上客，一等可能是 15、30 分鐘，甚至是一兩小時，而目前往往能在中午看到上百輛紅 VAN 停在各個總站排隊；反過來看，在長龍出現之前，客滿才開車的漫長等待，正代表這麼多輛紅 VAN 的時間損失得有多嚴重。

預約的特點

在一整天中，其實在繁忙時間才會多人預約。尤其是上班時間，往往每班車的 19 位乘客全是預約的；而每一班車的 19 位中，又至少有 15 位是常客。但其實，車上的 19 位乘客都是熟客，當中會有幾位

不屬該班車的常客，可能因為那班車的常客睡過頭而錯過這班車，或是當天放假不用上班，因而空出座位而得以預約。所以車上的乘客其實已經互相熟悉，若有一人沒有預約而「白撞」上車，大家一眼就會發現。

我們旗下的紅VAN採用定時發車的模式，配合WhatsApp預約留位，乘客便不用害怕錯過班車。

　　同屬繁忙時間，但下班的情況就不一樣。上班時間由於是固定的，往往前一晚已經預約滿了，這是能讓司機感到很放心的一件事。但下班時間的預約就不穩定了，可能是同一班車，今天預約爆滿了，但明天卻只有 5、6 人預約。因為下班時間本身就是不穩定的，有可能需要加班，也有些人下班不會立即回家的。儘管還是有一些乘客會很準時下班，固定地預約上車，但並不多。始終，上班準時很重要，但下班回家晚一點是沒關係的。

　　因此下班時間，乘客往往是在下班前 10 分鐘才預約的，但每班車偶爾會有一、兩位乘客未能如約。對此我們也是可以理解的：作為員工，正要離開時老闆突然要求留下加班，當下也顧不上立即上網取消預約。所以下班時間我們會提供「候補位」。「候補位」並沒有提供予上班時間的預約，因為除了星期一朝早，有乘客因遲起床而錯過班車，其餘日子都十分穩定，根本不存在候補的空間。

準時到站就最好

　　有一些司機很心急，總是想要提早開車，但由於大家都已經預約，所以都不會太早到。若司機提早開車，由於會早了到站，結果可能有幾位乘客還沒到，上少幾

位乘客的情況下,車可能比預期更早到下一個站;而每站都在同樣情況下少上兩位乘客,結果一班車上少了足足6、7位乘客,得不償失。所以心急開車是沒有用的,反而準時才能讓全車滿座。

如上所述,車太早到會沒乘客;但若遲很多,乘客失去預算,也會因此讓乘客流失。唯有在合適的時間出現,我們就會有乘客。

7.5

APP

時至今日，我們已經更進一步，向一群最忠實的熟客，提供了試用階段的 APP 進行預約。透過這個 APP，乘客可以直接選擇上車的時間、地點，比起用 WhatsApp 傳訊息更方便，但目前仍只是試用階段，尚未全面開放使用。

這個試用中的紅 VAN 預約乘坐 APP，讓我們可以清楚看到在不同站上的不同時間，到底有多少人已經預約。如此，當該班車在此站共有 5 人預約，到站之後正好 5 人上車，基本上已沒問題，因為即使有未預約的乘客白撞上車，但同時代表有預約者沒有出現；但如果到站時竟有 7 人，我們便知要逐一查問，並請未預約者下車。如這個 APP 順利營運，我們的紅 VAN 司機便不必擔心沒有乘客。

長遠來說，利用這個 APP，我們的紅 VAN 可以做到「不固定路線、不固定班次」，每一班車都根據預約來安排的。另一方面，也可以配合 GPS 定位系統，讓乘客知道這班車的實時位置。這個 APP 日後甚至可以直接收錢，但唯一缺點是乘客無法享受政府提供的交通津貼。

去年某次遇上 8 號風球懸掛，當颱風一離開，大家
立即一窩蜂預約。當時我立即在 APP 公佈了颱風後班
車開出的時間，乘客利用 APP，可以立即預約而毋須
WhatsApp 留位（因為當下 WhatsApp 查詢的數目會
多到應接不暇），並在最短時間開出最多的班次。

然而我必定優先服務我的熟客群：他們每天支持
我，當他們特別需要我的服務時（例如「8 號風球」除

目前我們正在研究
紅 VAN 預約乘坐電
話 APP。

下後），我一定會優先服務他們，所以預約便很重要。否則，在總站時就已經滿座；但透過預約，我可以讓坐上車的全部都是熟客，他們日後就更加支持我，如此便能互惠互利。

推廣予行家

我期望這個 APP 開發完成後，並不是自己車隊專用，而是可以推廣予行家們也一起用。固然，行家有意使用的話，我們也要收取一些營運費用；但紅 VAN 這一個行業那麼多個體戶，大家都沒動力投放大量資源研發，現在只要花一點錢就能享受我們的開發成果，其實是十分划算的。

當然，有一些紅 VAN 線，終日在總站就坐滿，對他們而言 APP 是比較不適用的；然而一些比較長途，中途站又比較多的路線，這個 APP 就能幫上很大的忙。現時，這些路線的司機並不知道中途到底有沒有乘客上車，所以不敢留空座位離開總站；同時，中途站的乘客就無法確保能夠上車，因此，他們就不會等紅 VAN，那麼對紅 VAN 和的乘客而言是雙輸；如果能透過 APP 進行預約，那便能達致雙贏了。

7.6

不收現金

當我提到「無現金化」，除了聯想到中國大陸，其實歐美等地也早已實行電子化付款。例如在歐洲乘搭火車時，由於很多人購買了月票，根本不用怕被人查票，所以車站都自出自入。而事實上，在歐洲的很多交通工具，都採用手機 APP 來購買車票。我有一次去歐洲旅行，乘搭長途巴士穿州過省，都不必特地去購票，全是在車上透過 APP 用信用卡付費，然後讓司機查看就行了。

收現金的話，理論上可以節省了其他交易平台的手續費，但事實上，我們多花了許多行政成本而不察覺，例如點算硬幣、兌換大鈔、到銀行存入現金等等，其實都是時間。加上若公司旗下有很多位司機時，如何逐一檢查他們有否認真做生意？電子化則能杜絕了司機瞞騙公司、誇大乘客量的行為，因為只要一看八達通的收款記錄，營業額便一清二楚。

作為紅 VAN 司機，點算硬幣其實是十分煩人的一件事，只是大家已經習以為常，通常會利用到油站排隊入油時，在車上慢慢點算。亦因小巴、的士司機都有這文化，結果大家入油時都會用零錢付款，而油站也習以為常了。

作為紅 VAN 司機，點算硬幣其實是十分煩人的一件事。

　　但自 2020 年 1 月起，我公開宣佈車隊一律不收現金。凡上我們車的乘客，首先收「八達通」，其次是收 PayMe，乘客可以在車上慢慢付款。若兩者都沒有的話，可以嘗試付現金給旁邊的乘客，請對方代為拍卡。如果上述方法都行不通的話，我們才會勉為其難，破例收一點現金。但原則上，我們是不收現金的，尤其處於疫情之下，這能避免傳染的風險。

　　儘管我們強調不收現金，但車上仍然會備有現金的。這些現金，首先在過隧道時作繳費之用；此外，也有一些未預約的乘客，在預約已滿的情況下上車拍卡，那麼我們便可以用現金退款給他。

預約者優先

我們很重視對乘客的承諾。若我們承諾了乘客，卻失信的話，他以後便不會預約我們的車了。所以我們的車，一定是已預約者先上，未預約者只能坐預約後剩下的座位。正因如此，未預約的乘客一開始在頭站很容易上車，但在尾站便非預約不可；不久之後，尾站預約的人數漸多，尾二站的人上不了車，自然也開始預約；久而久之，每站都有人預約了，便慢慢推到連頭站都必須預約，否則也上不了車。自此，我們的車便變成必須預約才能乘坐了。

曾有人問我「這樣的做法是否等同拒載？」事實上，這做法在綠 VAN 而言並不行，但紅 VAN 卻是合法的。

我的車若被預約滿了，就會在車頭上顯示「預約滿座」。

我們的車若被預約滿了，就會在車頭上顯示「預約滿座」。

7.7

19座小巴

目前，向車行租用 19 座位的小巴，租金比 16 座位小巴高了約三分之一，但在收入方面，由於每程只能多接載 3 人，所得利潤並沒有比 16 座小巴多出三分之一，所以投資回報率上考慮的話，是不值得採用 19 座小巴的。而大部分的行家也是抱此觀點。

　　但我認為，轉用 19 座小巴之後更有優勢，這是其他行家所不察的：由於 19 座的小巴，車齡一定都比較新，如果有較新與較舊的兩輛車可以選擇時，

19 座位小巴的投資回報率不及 16 座小巴，但大部分乘客會選擇新的車。左：16 座；右：19 座。

創新

大部分乘客會選擇乘坐較新的車。而且「創新」是我創業的宗旨，因 16 座小巴與我的發展理念並不一致，所以一定會選用 19 座小巴。我車隊的 4 輛紅 VAN，全都是 19 座小巴。

另一方面，由於 19 座小巴的車齡都比較新，花在維修的時間是特別少的。而且我們為每輛車都安排了有 GPS 定位系統，每輛車的實際位置在哪裏，我都可以一清二楚，在管理司機上也更方便；例如有司機自行改了行車路線，我事後都可以翻查得到。

長遠而言，我會從租車改成買車，但目前尚未是最佳時機。但始終，我對這個行業的前景看好的話，便應該要選擇買車。

7.8 包車服務

對我旗下的紅 VAN 而言，所謂「包車」可分為兩種：一是傳統包車（即「旅遊巴」服務），二是共乘包車（即「共乘小巴」服務）。

很多人都不知道原來紅 VAN 是可以包車的。而且用途可以十分廣泛，例如約一群朋友到郊外野餐、海灘暢泳、遠足行山，一支球隊安排出賽及回程的專車，甚至幾個家庭相約一同前往掃墓等，都可以向我們包車。此外，像是商場的穿梭巴士、電影的拍攝場景乃至屋苑的穿梭接送服務，紅 VAN 都是可以承接的。

紅 VAN 是可以包車的，而且很多墳場都是允許紅 VAN 進入的。

我們的包車,
比坊間的旅遊
巴便宜。

　　如要向我們包車,最低只需要 300 元一程,比坊間
的旅遊巴都便宜。當然這是最低收費,實際收費還要視
乎路程長短。若選擇在繁忙時間包車,當然就會更貴。
儘管如此,我們的收費仍會比旅遊巴便宜,因為旅遊巴
接單的話,前後比較難緊接到其他工作,不可能收得太
便宜;而紅 VAN 本身有自己的營運路線,在有客戶需
求時才做包車,沒需要就回到自己的路線載客,維持恆
常的收入,所以才能收得較便宜。

　　除了客戶自用的包車之外，我們還有提供為活動特設的穿梭巴士（shuttle bus）服務。例如早前的「淺水灣市集」活動，活動主辦單位即向我們包車，由我們為活動參加者，提供灣仔與淺水灣之間一整天的免費穿梭巴士服務。而我們的這項服務，甚至讓行家誤以為我開了一條新的路線。

共乘包車

　　所謂「共乘包車」是甚麼呢？就是尋找想去相同目的地的人，相約同一時間包車前往。舉例而言，2021年1月，有天晚上有流星雨，我們可以提供每位50元往來荃灣和西貢大坳門觀賞流星雨。

　　又例如早前因媒體的一篇報道，導致很多人湧往流水響郊遊。雖然前往流水響有一條綠VAN線營運，但一般去流水響郊遊的人次沒那麼多，綠VAN提供的班次實在不足以應付需求。當時大家一窩蜂湧去，小巴站一時間排了一條200至300人的長龍，足足要等上一、兩小時才能上車。若再算上大家須先轉好幾程車才到粉嶺的綠VAN站，光去程就已經花了近3、4小時，一程車就足夠飛到日本旅行了。多麼浪費時間！我們之前提供的「共乘包車」服務，在指定時間於荃灣上車直達流水響，並安排好回程接載，一切就便捷得多了。

在這種預約共乘的模式下，乘客們亦不必擔心司機像一般紅 VAN 般繞遠路。因為大家都很清楚，這是一項「點到點」的交通服務，即使繞路，亦只是前往接載其他已預約的乘客，乘客便會諒解司機繞路的行為。

目前傳統的紅 VAN 經營方式，基本上都設有固定的行車路線及收費；而我的目標，就是開創出沒有固定的行車路線、不作固定收費的「共乘紅 VAN」。這想法，基本上有點像所謂的「白牌車」。

目前 Uber 在香港發展的最大問題，就是被指責它們在從事非法的「白牌車」服務；然而紅 VAN 在香港

「結婚包車」會大受歡迎，讓我感到很意外。

出現的這件事本身，根本就是白牌車的合法化。既然紅
VAN 本身就是合法的白牌車，那麼我們為何不去做發
展這方面的服務？

特別的路線燈牌

　　紅 VAN 的紅頂設計，其實很適合結婚時接載賓客
之用，而且我們的電子車頭顯示屏，更可以放上指定的
文字，更添氣氛。與此同時，我又特別為車頭的 LED
電子顯示屏，準備了一些作為「花車」或求婚用的字句
例如「嫁給我好嗎？」、「妳的名字，我的姓氏」等：

紅 VAN 車頂的電子
顯示屏可為客人度
身訂造，放上指定
文字。

創新

當租用者有需要時，便在電子顯示屏上顯示，這一點是旅遊巴不能做到的。

之前提到「# 包車紅 VAN 去 Wedding」的帖文竟然會大受歡迎，這讓我感到很意外，同時亦證明了市場的需求。

另外，也曾有隊樂隊向我們包車來拍 MV。像這種包車作拍攝之用的情況，我們甚至可以安排讓紅 VAN 車頂的顯示屏，顯示出他們想要的內容，例如歌名。

有團隊會包車作拍攝用途。

7.9

車長訓練

昔日我當綠VAN司機的時候，先跟其他司機走一轉，然後由副站長陪同下，讓我開「吉車」再走一轉，第二天就可以正式上班了。過程上，沒有人告訴我各站的名稱，亦不會提醒甚麼地方是交通黑點等等。

然而我很清楚，每個人的駕駛經驗都是不同的，所以我很重視司機的培訓。目前我替車隊招募司機時，首先會讓應徵者「試車」，透過觀察對方開車的情況，先把沒有安全意識的人篩走；然後再針對部分駕駛技術稍遜的司機，額外提供駕駛訓練，當中尤以「棍波」操作的特訓需求最多。

之後，我會再為準司機安排路線訓練。由於行車訓練需要安排一輛車進行，所以大多會利用週六、日清晨兩小時的非繁忙時間來進行。過程中，由我或其他資深司機的陪同下，讓準司機跑那段路線數次；其間一再說明各站的慣用名稱，並對路上的交通黑點、「馬路炸彈」出沒處、每盞交通燈甚麼時候會轉紅等等，一一詳加說明。

此外，由於每個人的背景、經驗都不同，所以每個人要熟習的內容亦有所不同，例如：習慣開小

巴的司機，行車一般都較顛簸；習慣開巴士的司機，拉
不慣手動摺門及收現金，也不習慣座位、駕駛盤不能
調校。

　　而習慣開校巴、旅遊巴的司機，則會很不習慣紅
VAN 包車工作，因為他們習慣了甚麼路都能走，而紅

在司機正式上班
的前幾天，我仍
會安排一些資深
司機陪伴。

VAN 則有許有路不能走。其中有一次包車服務，我跟司機強調要經尖山隧道（少數開放給紅 VAN 行走的新路），結果他走錯城門隧道被截停了。由於紅 VAN 與其他車輛都不同，有一套只屬於我們自己的地圖，而他們過去只要有路便能走，所以很不習慣開紅 VAN。

載客訓練

到了最後，我還會安排「載客訓練」。在這一程車上，我依然陪伴在司機旁邊，由到站上客，我會事先向乘客說清楚，這一程車的司機其實是在訓練中，讓乘客自行選擇是否上車。但事實上，既然我會讓他載客，已代表我覺得他合格了，這程車只是實習而已。所以大多數的乘客，通常都會直接上車。

之後，在司機正式上班的前幾天，我仍會安排一些資深司機陪伴。因為我曾開過車，很明白司機一個人開車時，其實是很無助的。例如落客車站的名稱，很多人有不同叫法，新司機往往不熟；一個人如要同時兼顧太多事，就容易犯錯。所以我會安排資深司機陪伴，如有需要時便可加以提點，讓新司機能慢慢適應。

編著
李凱翔

筆錄
盧韋斯

責任編輯
梁卓倫 · 吳煥燊

裝幀設計
鍾啟善

排版
楊詠雯

出版者
萬里機構出版有限公司
香港北角英皇道 499 號北角工業大廈 20 樓
電話：2564 7511　　傳真：2565 5539
電郵：info@wanlibk.com
網址：http://www.wanlibk.com
　　　http://www.facebook.com/wanlibk

發行者
香港聯合書刊物流有限公司
香港荃灣德士古道 220-248 號荃灣工業中心 16 樓
電話：2150 2100　　傳真：2407 3062
電郵：info@suplogistics.com.hk

承印者
美雅印刷製本有限公司
香港觀塘榮業街 6 號海濱工業大廈 4 樓 A 室

出版日期
二〇二一年七月第一次印刷

規格
特 32 開（213 mm × 150 mm）